高职高专艺术设计类专业教材

SHINEI LüZHI
ZHUANGSHI SHEJI

室内绿植装饰设计

主　编　施晓敏　李大俊

副主编　张　莹　汪　坤　彭朝阳

参　编　周宁丽　白易梅　高伟伟　陈　静
　　　　朱文君　石　杨　于　宙　石　帅
　　　　邱　敏　朱　琳　王贝利　朱梦莹

重庆大学出版社

图书在版编目（CIP）数据

室内绿植装饰设计 / 施晓敏主编. -- 重庆 ：重庆大学出版社，2020.3（2023.1重印）
高职高专艺术设计类专业教材
ISBN 978-7-5689-1159-7

Ⅰ. ①室… Ⅱ. ①施… Ⅲ. ①园林植物—室内装饰设计—室内布置—高等职业教育—教材 Ⅳ. ①TU238.25

中国版本图书馆CIP数据核字（2018）第157036号

高职高专艺术设计类专业教材

室内绿植装饰设计
SHINEI LÜZHI ZHUANGSHI SHEJI

主　编　施晓敏　李大俊
策划编辑：席远航　张菱芷　蹇　佳
责任编辑：蹇　佳　　版式设计：原豆文化
责任校对：杨育彪　　责任印制：赵　晟

重庆大学出版社出版发行
出版人：饶帮华
社址：重庆市沙坪坝区大学城西路 21 号
邮编：401331
电话：（023）88617190　88617185（中小学）
传真：（023）88617186　88617166
网址：http：//www.cqup.com.cn
邮箱：fxk@cqup.com.cn（营销中心）
全国新华书店经销
重庆升光电力印务有限公司印刷

开本：787mm × 1092mm　印张：8.75　字数：279 千
2020 年 3 月第 1 版　　2023 年 1 月第 2 次印刷
ISBN 978-7-5689-1159-7　　定价：56.00 元

序

如何提高人口素质，发挥人力资源的优势，是建设资源节约型、环境友好型社会，实现经济发展方式转变的关键。高职教育承担着为各行各业培养输送与行业岗位相适应的高技能人才的重任。大力发展职业教育有利于改善经济结构，有利于经济增长方式的转变，是实施“科教兴国，人才强国”战略的有效手段，是推进新型工业化进程的客观需要，是我国在经济全球化条件下日益激烈的综合国力竞争中得以制胜的必要保障。

高等职业教育艺术设计教育的教学模式满足了工业化时代的人才需求；专业的设置、衍生及细分是应对信息时代的改革措施。然而，在中国经济飞速发展的过程中，中国的艺术设计教育却一直在被动地跟进。未来的学习，将更加个性化、自主化，因为吸收知识的渠道遍布在每个角落；未来的学校，将更加注重引导和服务，因为学生真正需要的是目标的树立与素质的提升。在探索过程中，如何提出一套具有前瞻性、系统性、创新性、具体性的课程改革方法将成为值得研究的课题。

21 世纪，基于云技术和物联网的大数据时代已经深刻而鲜活地展现在我们面前。当前的艺术设计教育体系将被重新建构，同时也被赋予新的生机。本套教材集合了一大批具有丰富市场实践经验的高校艺术设计教师作为编写团队。在充分研究设计发展历史和设计教育、设计产业、市场趋势的基础上，不断梳理、研讨、明确了当下高职教育和艺术设计教育的本质与使命。

曾几何时，我们在千头万绪的高职教育实践活动中寻觅，在浩如烟海的教育文献中求索，矢志找到破解高职毕业设计教学难题的钥匙。功夫不负有心人，我们的视界最终聚合在三个问题上：一是高职教育的现代化。高职教育从自身的特点出发，需要在教育观念、教育体制、教育内容、教育方法、教育评价等方面不断进行改革和创新，才能与中国社会现代化同步发展。二是创意产业的发展和高职艺术教育的创新。创意产业作为文化、科技和经济深度融合的产物，凭借其独特的产业价值取向、广泛的覆盖领域和快速的成长方式，被公认为 21 世纪全球最有前途的产业之一。从创意产业发展的视野，谋划高职艺术设计和传媒类专业教育改革和发展，才能实现跨越式的发展。三是对高等职业教育本质的审思。从“高等”“职业”“教育”三个关键词来看，高等职业教育必须为学生的职业岗位能力和终身发展奠基，必须促进学生职业能力的养成。

在这个以科技进步、人才为支撑的竞争激烈的新时代，实现孜孜以求的综合国力强盛不衰、中华民族的伟大复兴，科教兴国，人才强国，赋予了职业教育任重而道远的神圣使命。艺术设计类专业用镜头和画面、用线条和色彩、用刻刀与笔触、用创意和灵感，点燃了创作的火花，在创新与传承中诠释着职业教育的魅力。

重庆工商职业学院传媒艺术学院副院长
教育部高职艺术设计教学指导委员会委员
徐　江

前言

随着生活水平的日渐提高，回归自然已经成为现代人们追求生活质量的新表现，用绿色植物装点居室，营造高品质的室内环境也成为一种生活时尚。但如何科学地选择和配置植物，如何养护植物，却成为人们普遍关注的问题。

“室内绿植装饰”是指按照室内环境的特点，以室内观叶植物为主要观赏对象，结合人们生活需要，对室内场所进行美化装饰。这种美化装饰不是简单地将盆花随意摆放于窗台或地面，也不仅仅是将大小不一的植物高低错落地摆放在一起，而是在满足植物正常生长条件下，从人们的物质生活与精神生活的需要出发，配合整个室内环境进行设计、装饰和布置，与室内外环境融为一体，实现室内绿化的生态功能和观赏功能。因此，室内植物装饰实际上是艺术和栽培技术的完美结合。

本书主要从室内生态环境特点、植物美学特点出发，介绍了识别和栽培养护室内绿植的方法，室内绿植装饰的功能，以及绿植在不同风格家居空间的搭配等。

本书是湖北生态工程职业技术学院校级教研课题“基于学生自主学习能力培养和个性化教学的人才培养模式研究与实践研究——以湖北生态工程职业技术学院为例”项目编号为JY201705的组成部分，主要参加编写的也基本上是该项目的团队成员。

本书是编者多年的教学实践积累的成果。编者在本书的编写过程中，参阅了大量相关的数据、著作、网站等资料，在此对这些作品和文献的作者表示衷心感谢。对所引用作品、文献未能详尽标注作者和出处的著作权人深表歉意，若涉及版权问题，请来电协商。同时，编写过程中得到许多同事、同学、朋友的支持，他们为本书编写提供了很多资料，在此深表谢意。

湖北生态工程职业技术学院艺术设计学院施晓敏负责本书统稿工作。湖北生态工程职业技术学院艺术学院参与本书编写的老师工作分配如下：任务1由施晓敏、石杨编写；任务2由施晓敏编写；任务3由施晓敏、朱文君、于宙、周宁丽、张莹、汪坤参与编写；任务4由白易梅、陈静、高伟伟、张莹、汪坤、李大俊编写；任务5由施晓敏、彭朝阳、石帅、邱敏、朱琳、王贝利、朱梦莹编写。武汉美轩花卉园艺服务有限公司为本书提供了大量的专业图片素材，非常感谢我们的编写团队的努力付出。

湖北生态工程职业技术学院　施晓敏

2020年1月

目录

任务5 公共空间绿植装饰

参考文献

任务 1

室内绿植装饰概述

任务概述

本任务主要介绍了室内绿植装饰的概念、内容、起源发展和功能，使学习者对室内绿植装饰有基本认识。

教学目标

通过本任务的学习，让学习者认识到室内绿植装饰在现代生活中的重要意义。

教学难点

室内绿植装饰的起源和发展。

一、了解室内绿植装饰

1. 室内绿植装饰的概念

随着人们生活水平的提高，绿植已经成为室内装饰的重要元素。植物因其在室内人工环境中起到绿化环境、美化空间、净化空气的作用，而越来越广泛地为人们应用。

室内绿植装饰

室内绿植装饰是指按照室内环境的特点，利用以室内观叶植物为主要观赏材料，结合人们的生活需要，科学地、艺术地将自然界的植物、山水等有关素材进行设计，创造出充满自然风情和美感的场景，以满足人们生理和心理需要的空间环境。室内场所用绿植进行美化装饰是从人们的物质生活与精神生活的需要出发，配合整个室内环境进行设计、装饰和布置，使室内室外融为一体，达到人、室内环境与大自然的和谐统一。

绿植与阳台

2. 室内绿植装饰的内容

用植物进行室内装饰时，要用艺术的眼光去设计摆放植物，使其布局合理、层次清楚、形状和色彩等要素搭配协调，即坚持以美为主要原则。

色彩统一的绿植装饰

用绿植装饰来打破层次

室内绿植小品

室内绿植装饰就其内容来说可分为狭义和广义。

狭义的室内绿植装饰指室内的陈设艺术，作为室内装饰的植物盆栽，常见形式有以桌、几、架等家具为依托搭配绿植和盆器组成，一般尺度较小。

广义的室内绿植装饰指以室内空间为依托的室内植物、水景、山石景、内庭、细部小品。这类绿植装饰在尺度上是与人及所在空间相协调的，人们既可静观，又可游在其中，在现代各类建筑中被广泛运用。

本书所论述的是狭义的室内绿植装饰，内容包括室内绿植识别、栽培养护和空间搭配。其装饰方法和形式更为灵活多样，如陈列式、悬垂吊挂式等。

陈列式是室内绿化装饰最常用的装饰方式，包括点式、线式和片式三种。其中以点式最为常见，即将盆栽植物置于桌面、茶几、柜角、窗台及墙角。线式和片式是将一组盆栽植物摆放成一条线或组织成自由式、规则式的片状图形，起到组织室内空间，区分室内不同用途的作用。几盆或几十盆组成的片状摆放，可形成一个花坛，产生群体效应，同时突出中心植物主题。

点式绿植装饰

线式绿植装饰

悬垂吊挂式是在室内较大的空间内，结合天花板、灯具，在窗前、墙角、家具旁吊放有一定体量的阴生悬垂植物，可改善室内人工建筑的生硬线条造成的枯燥单调感，营造生动活泼的空间立体美感，且“占天不占地”。

桌旁的吊篮

转角的吊篮花架

迷你花房

另外，在欧美盛行用迷你型观叶植物绿化装饰。其基本形态源自插花手法，利用迷你型观叶植物配植在不同容器内，摆置或悬吊在室内适宜的场所。这种装饰法设计最主要的目的是要达到功能性的绿化与美化。也就是说，在布置时，要考虑室内观叶植物如何与生活空间内的环境、家具、日常用品等相搭配，使装饰植物材料与其环境、生态等因素高度统一。

二、室内绿植装饰的起源和发展

1. 我国室内绿植装饰的起源和发展

我国室内绿植装饰有着悠久的历史，主要通过在室内摆设应季盆栽花卉、盆景及插花等来进行装饰。早在 7000 年前的石器时代，我国就开始用盆栽花木装饰华丽的宫殿。在浙江余姚河姆渡遗址中发现了一块刻有盆栽万年青图案的陶片，这应该算是我国最早的盆景装饰。

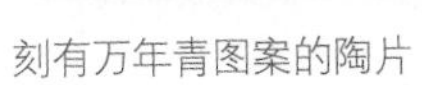

刻有万年青图案的陶片

植物万年青

在河北省望都发掘的东汉时期的壁画中有植物、盆钵、几架形成一体的图案。

唐代宫廷中植物装饰已普及，在陕西乾陵出土的墓道壁画上出现侍女、侍男手捧盆栽花卉的画面。

明清时期绿植装饰发展成熟，如扬州八怪之一郑板桥的《盆梅》，陈淏子的《秘传花镜》，都形象地说明盆景艺术的成熟发展。

随着人类文明历史长河的流淌，城市日渐繁华，人们不断酝酿着回归田园，将自然引入室内。但几千年来，人们对室内植物装饰的认识还停留在观赏和简单装饰阶段。

20 世纪 70 年代，我国在探索城市建筑空间与自然的关系方面进入了一个新的境界，提倡人工环境与自然协调发展已达成共识。室内空间的绿色设计对于建立一个人工环境与自然环境相融和的人类居住环境来说，具有重要意义。

随着人们生活水平的提高，绿植已成为人们室内装饰的重要元素。同时，科学技术水平的不断进步和提高，让更多植物在室内生存成为可能。

2. 西方国家室内绿植装饰的起源和发展

在西方，1世纪的罗马，出现了云母做的植物暖房。3世纪，出现了玻璃暖房。

16世纪，法国的一些家庭开始有了养花的习惯。英国的贵族和知识分子把养花作为一种文雅的标志，并在室内布置小花园。

到了19世纪，室内绿化逐渐在一般家庭中发展起来，大量采用观叶植物，绿化装饰的方式也丰富多彩。绿化和建筑有机地结合起来，例如与天棚结合布置悬吊式植物装饰，与壁炉、地板、花架结合布置各种盆栽，与窗户结合布置攀援植物等。

建筑与植物

20世纪初，建筑在冬天使用暖气供暖，室内温度高，湿度低，大多数室内花木的保养遇到了新的问题。于是室内插花与瓶花艺术得到发展。

瓶花

插花

在今天，将植物引入室内不再是单纯的装饰和美化，而是利用绿色植物来改善和提升环境质量，满足人们的心理需求和健康需求，使室内空间变为“绿色的、充满生机的、会呼吸的空间”。目前，借助各种科技技术，人们可以在任何一个室内，运用绿色植物营造一个弥漫着自然气息的环境。

三、室内绿植装饰功能

1. 环境的美化

1）装饰空间

用植物独特的生命形态装饰室内空间，是任何其他无生命物品所不能替代的。植物的生长过程具有多变的形态、丰富的色彩、清雅的气味以及独具个性的气质，用作室内装饰物，可以营造室内绿色气氛，对美化室内空间有着事半功倍的效果。

具有自然质感肌理的植物，可以与建筑空间、建筑装修材料形成互补和对比。

2）柔化空间

现代建筑空间大多是由直线形和板块形构件所组合的几何体，尤其在大面积的空间里，容易使人感到生硬冰冷。室内绿化植物，运用散点、曲线、阵列分布等排列方式，运用不同形态、柔软的质感、悦目的色彩和灵动的光影效果，可以柔化冰冷生硬的建筑线条，产生柔和亲切的空间氛围。

3）利用空间死角

在室内空间中，总会有一些空间死角，如楼梯下部、转角、家具夹角和窗台、窗框周围等位置，对这些位置进行绿植装饰可以使这些位置得到合理利用。

2. 改善微气候

微气候是指人们日常生活的室内小环境。通常依靠设备（如空调、暖气片、空气净化器等）来调节，这是一种以牺牲能耗为代价的调节方式，但在可持续发展的大背景下应考虑更节能环保的方式来达到调节的目的。室内绿植在改善建筑室内环境，调节建筑室内微气候方面的作用是显著的，通过精心设计，以不耗能或少耗能的方式来实现对室内环境舒适度的调节。

1）温度

温度是影响舒适度的重要指标。环境的温度与人体健康密切相关。植物在夏季可降低室内温度，几盆植物能使夏天的室内温度降低 2~3 ℃。植物在冬季起到温室作用，使冬天温度上升 2~3 ℃。

2）湿度

湿度也是影响舒适度的重要指标。大量考察表明，相对湿度在 45%~65% 是人体感到舒适的湿度范围。在调节湿度方面，如果在冬天放置占室内面积 2% 的植物就可以增加 5% 左右的湿度；放置占室内面积 10% 的植物可增加 20%~30% 的湿度，使室内相对干燥的环境变得很舒适。

3）空气流速

在室内，空气的流动是十分缓慢的。当有空气流过植物叶片表面，这时植物叶片能降低空气流速，加快空气中悬浮颗粒的沉降，同时还能对空气中的灰尘进行阻滞，起到过滤净化空气的作用。

3. 空气的净化

室内植物可以通过光合作用，在可见光的照射下，经过光反应以及碳反应，利用光合色素，将二氧化碳和水转化为有机物，并释放出氧气。在植物的新陈代谢过程当中，会吸收空气中的有毒物质进一步转化分解。在新装修的居室中，一些建筑材料、家具、人造板材、各种黏合剂涂料和合成纺织品散发出无色有刺激性气味的甲醛气体，对人的眼、鼻、喉的黏膜有强烈的刺激作用，严重的会引起过敏性皮炎和哮喘。一些植物可以通过本身的呼吸作用来降低这些物质在室内的含量。同时，静电也会吸附住浮游在空气中的灰尘颗粒。

植物净化具有成本低、无二次污染及净化作用持久等优点。但植物的净化能力是有限的。在室内环境中，光照相对稳定，如果要在较短时间内，让有害物质达到安全标准，应注意增加植株数量和调整摆放位置。

4. 健康的生活

现在人们停留在室内的时间正逐渐增加，在这样的生活节奏里，人们有很多缓解压力的方法和保证健康幸福的计划，但最容易让我们身心得到治愈和幸福的方法就是与生机盎然的植物亲密接触。近年来，包括临床心理学、环境心理学、行为学等学科在内的研究者都开始研究人与植物接触的好处。

1）提高工作效率

办公室可以说是我们的另一个家。因此，我们可以在设计中使其在照明、通风、布局等方面与家庭接近，产生一种归属感。对空间环境的研究表明，有植物的自然环境可以帮助人们缓解压力，更好地完成工作任务。与那些设计精简、毫无生机的办公室相比，植物绿化的办公室能够大大提高员工的工作满意度、注意力集中程度，使其身心愉悦，从而提高工作效率。

2）呵护身心健康

观赏植物有稳定身心的效果。绿色植物对血压、脉搏、心律和视觉疲劳都有很好的舒缓作用。精神上的安稳，会让我们内心深处也得到充分的休息。随着季节更替，盛开的鲜花会让我们的生活充满欣喜！带着春天气息的淡绿色会带给我们希望，浓烈的红色给我们的生活增添活力，黄色的花让我们可以尽情享受午后的安详，秋天的橙黄色会让人感到惬意，绿色或紫色则带给我们灵魂深处的安宁。利用植物改善我们周围环境或参与一些园艺活动，可以明显地缓解各种压力，给我们的身体带来正面的影响。

任务2

室内绿植识别

任务概述

室内绿植识别在栽培养护、盆器搭配、方案设计、备货采购、布置摆放、售后服务等方面都会用到，是室内绿植装饰工作中必备的一项基础技能。我们将室内植物主要分为三大类：观叶植物、观花植物、观果植物。

教学目标

通过对本任务的学习，让学生掌握常见室内观叶、观花、观果植物的形态特征，快速识别常见室内观叶、观花、观果植物，了解室内植物生长习性和观赏特点。

教学难点

室内观叶、观花、观果植物的形态特征。

一、观叶植物

在室内，经过精心养护，能长时间或较长时间正常生长发育，用于室内装饰与造景的植物，称为室内观叶植物。观叶植物在室内绿植装饰中是应用最为广泛的，以阴性植物为主，也包括部分既观叶又观花、观果或观茎的植物。

1. 室内观叶植物的特点

观叶植物大多起源于热带或亚热带，因此在 20 ℃左右的室内生长得很好。另外，由于观叶植物大多生长在林下，因此室内稍弱的光线也能满足它们正常生长的需要。观叶植物喜欢高湿的空气，也能耐受干燥的空气。因此，观叶植物已经成为室内植物的主导植物。

这类植物花形不美，花期短或很少开花，但其四季常青，叶片奇特，叶色艳丽，如苏铁、橡皮树、朱蕉、红枫、龟背竹、变叶木等，主要欣赏叶片的形状、色泽和质地。

2. 室内观叶植物分类

室内观叶植物种类多，差异也大。所以室内摆放植物，必须根据具体位置和具体条件选择适合的品种，以满足植物的生态要求，使植物能正常生长，充分显示其固有特征，达到最佳观赏效果。由于光照是室内植物的第一生态要素，故按照植物对光照的需求将室内观叶植物分类。

1）极耐阴室内观叶植物

这是室内观叶植物中最耐阴的种类，如一叶兰、蕨类、白网纹草、虎尾兰、八角金盘、虎耳草等，在室内极弱的光线下也能供较长时间观赏，适宜放置在离窗台较远的区域，一般可在室内摆放2 ~ 3个月。

2）耐半阴室内观叶植物

这是室内观叶植物中耐阴性较强的种类，如千年木、竹芋类、喜林芋、绿萝、凤梨类、巴西木、常春藤、发财树、橡皮树、苏铁、朱蕉、吊兰、文竹、花叶万年青、粗肋草、冷水花、白鹤芋、豆瓣绿、龟背竹、合果芋等，适宜放置在北向窗台或离有直射光的窗户较远的区域，一般可在室内摆放1 ~ 2个月。

3）中性室内观叶植物

这种观叶植物要求室内光线明亮，每天有部分直射光线，是较喜光的种类，如彩叶草、花叶芋、蒲葵、龙舌兰、鱼尾葵、散尾葵、鹅掌柴、榕树、棕竹、长寿花、叶子花、一品红、 天门冬、仙人掌类、鸭跖草类等，适宜放置在向有光照射的区域，一般可在室内摆放3 ~ 4个月。

4）阳性室内观叶植物

这种观叶植物要求室内光线充足，如变叶木、月季、菊花、短穗鱼尾葵、铁海棠、蒲包花、大丽花等，在室内短期摆放，其摆放期 10 天左右。

常见室内观叶植物图鉴

广东万年青

①别名：粗肋草、亮丝草、粤万年青
②天南星科粗肋草属
③多年生常绿草本
④叶观赏期：全年；花观赏期：4—5月
根茎粗短，节处有须根，叶片呈倒披针形，质硬而有光泽。4—5月份开花，穗状花序顶生，伴有佛焰苞片，花小而密集，花色白而带绿。喜温暖、湿润的环境，不耐寒，耐阴性极强，忌阳光直射，生长缓慢，株形稳定，适合快节奏的现代人种植。

花叶万年青

①别名：黛粉叶、哑蔗
②天南星科花叶万年青属
③多年生常绿草本
④叶观赏期：全年
茎干粗壮多肉质，叶片大而光亮，椭圆状卵圆形，叶面的斑纹因品种不同而有所差异。主要品种有大王黛粉叶、白玉黛粉叶、玛丽安黛粉叶等。喜温暖、湿润和半阴环境，不耐寒，怕干旱。摆放在光度较低的公共场所，仍然枝繁叶茂，充满生机。全株有毒，小心误食，避免孩童接触，养护管理时，须佩戴手套。

绿萝

①别名：魔鬼藤、黄金葛、黄金藤
②天南星科麒麟叶属
③大型常绿藤本
④叶观赏期：全年
茎蔓细软，长达 2 m 以上，气根发达，攀附力强。叶片心形，翠绿色，有鲜艳的纯黄色斑块。绿萝喜温不耐寒，喜散射光，较耐阴。生命力极强，栽培形式多样，被称为“海陆空”植物。可攀附于用棕扎成的圆柱上，也可培养成悬垂状置于书房、窗台，或是直接盆栽摆放，适合常年室内培养。

袖珍椰子

①别名：矮生椰子、矮棕
②棕榈科竹棕属
③多年生常绿小灌木
④叶观赏期：全年
植株矮小，盆栽高度一般不超过 1 m。茎干直立，深绿色有环纹，羽状复叶深绿色，披针形。肉穗花序，花黄色，呈小球状，雌雄异株。生长速度偏慢，喜阴，放在室内半阴至全阴的北窗边、桌面、角落，显现南国风景。

马拉巴栗

①别名：大果木棉、发财树
②木棉科瓜栗属
③常绿或半落叶乔木
④叶观赏期：全年；茎观赏期：全年
掌状复叶，小叶 4~7 枚，长椭圆形或披针形。性喜高温和半阴环境，茎能储存水分和养分，具有抗逆、耐旱特性，耐阴性强，容易栽培。主要观赏价值在于优美的树形、膨大的树干、车轮状的树叶，在室内花园或公共空间中显得运用广泛，曾被联合国环保组织评为世界十大室内观赏花木之一。马拉巴栗有“财运源源不断”的寓意。

棕竹

①别名：观音竹、筋头竹、棕榈竹
②棕榈科棕竹属
③多年生常绿灌木
④叶观赏期：全年
茎干直立丛生，纤细有叶节，基部包裹黑褐色纤维。叶集生茎顶，每片掌状叶有 5~10 个裂片，裂片呈披针形，前端 4~5 裂。喜温暖湿润及通风良好的半阴环境，极耐阴，稍耐寒。可长期在室内光线明亮的地方摆放，即使连续 3 个月在暗处见不到阳光，也能正常生长，并能保持其浓绿的叶色。丛生挺拔，枝叶繁茂，姿态潇洒，叶形秀丽，四季青翠，似竹非竹，美观清雅，富有热带风光。

虎尾兰

①别名： 虎皮兰、千岁兰、岳母舌
②百合科虎尾兰属
③多年生常绿草本
④叶观赏期：全年
叶基生，无叶柄，叶肥厚、硬直、扁平如剑，叶面上有浅绿和深绿相间的“虎尾”状横斑。地下根状茎，可随时冒出不定芽。性喜温暖湿润，耐干旱，喜光又耐阴，对土壤要求不严。虎尾兰品种较多，株形和叶色变化较大，对环境的适应能力强。主要品种有金边虎尾兰、银脉虎尾兰。适合布置装饰卧室、书房、客厅、办公场所，可长时间观赏。

蔓绿绒

①别名：春羽、喜树蕉、喜林芋
②天南星科喜林芋属
③多年生常绿草本
④叶观赏期：全年
叶片宽，手掌形，肥厚，呈羽状深裂，有光泽；叶柄长而粗壮，根极发达粗壮，茎纷然披垂，将其布置室内，大方清雅，富热带雨林气氛。蔓绿绒品种很多，常见的有琴叶蔓绿绒、圆叶蔓绿绒、心叶蔓绿绒、羽裂蔓绿绒，大部分蔓绿绒叶色浓绿，而变化多端的叶形是它的观赏重点，从心形、提琴形、长椭圆形至圆形都有。

竹芋

①竹芋科竹芋属
②多年生常绿草本
③叶观赏期：全年
枝叶生长茂密、株形丰满；叶的外观华丽壮硕，颜色和斑纹变化多端，格外抢眼，是优良的室内喜阴观叶植物。喜温暖、湿润和半阴环境，在强光下曝晒叶片容易灼伤，不耐寒，不耐旱，要经常向叶面喷水。竹芋常见品种有斑叶竹芋、箭羽竹芋、红羽竹芋、孔雀竹芋等。

白网纹草

①别名：银网草、银网
②爵床科网纹草属
③多年生常绿草本
④叶观赏期：全年
植株低矮，5~20 cm 高。单叶，十字对生，叶脉白色网状，茎上有许多柔软细毛。常见栽培的有红网纹草、小叶白网纹草。喜好高温高湿，半阴环境生长，注意通风。它是标准的室内植物，一旦放到室外，就会因水分的流失而软化。深受人们喜爱，在观叶植物中属小型盆栽，也是植物微景观等组合盆栽的主要辅助用材之一。

苔藓

①苔藓植物门植物
②多年生常绿植物
③叶观赏期：全年
苔藓被称为自然界的拓荒者。全世界有两万多种苔藓植物，我国目前统计有2 000多个品种。其结构简单，没有真正的根，从茎部长出假根只起固定的作用；叶可光合作用，吸收水分与养分；无花，无种子，以孢子繁殖。苔藓给人视觉上的舒适，感觉上的轻松雅静，已经成了植物微景观和组合盆栽的主要辅助用材。

吊兰

①别名：垂盆草、挂兰
②百合科吊兰属
③多年生常绿宿根草本
④叶观赏期：全年
吊兰根壮茎短，根稍肥厚。叶基生，剑形，长10～30 cm，宽1～2 cm，向两端稍变狭，柔韧似兰。吊兰的最大特点是成熟的植株会从叶丛中抽出花莛，花莛较叶长，弯垂，顶部萌发出带气生根的幼小植株。总状花序，花小白色。喜温暖湿润、半阴环境。吊兰养殖容易，适应性强，是传统的居室垂挂植物。

千叶吊兰

①别名：千叶兰、纽扣藤、铁丝草、电线蓼
②蓼科千叶兰属
③多年生常绿灌木
④叶观赏期：全年
千叶吊兰植株匍匐丛生或呈悬垂状生长，细长的茎红褐色。小叶互生，叶片心形或圆形。习性强健，喜温暖湿润的环境，在阳光充足和半阴处都能正常生长，具有较强的耐寒性，其株形饱满，枝叶婆娑，具有较高的观赏价值，适合作吊盆栽种或放在高处的几架、柜子顶上，茎叶自然下垂，覆盖整个花盆，犹如一个绿球，非常好看。

文竹

①别名：云片松、刺天冬、云竹
②百合科天门冬属
③多年生常绿草本
④叶观赏期：全年
文竹茎柔软丛生，细长。茎的分枝极多，近平滑。叶状枝纤细，小枝平展呈羽毛状。花白色，有短梗，花期9—10月份。性喜温暖湿润和半阴通风的环境，冬季不耐严寒，不耐干旱，夏季忌阳光直射。文竹具有极高的观赏性，可放置客厅、书房，净化空气的同时也增添了书香气息。

富贵竹

①别名：万寿竹、开运竹、富贵塔
②龙舌兰科龙血树属
③多年生常绿小乔木
④叶观赏期：全年
株高可达2m，树干细直不分叉，一个花盆内可种三四棵或更多。叶长披针形，似竹子。耐湿耐阴，喜高温光照充足，盆栽水培均可。可编织成各种笼形，也常短截茎秆去叶，制成塔形。作为代表性观叶植物，郁郁葱葱，既富有竹韵，以充满生机，又有富贵平安的美好寓意，观赏价值高，颇受欢迎。

果子蔓

①别名：擎天凤梨、西洋凤梨
②凤梨科果子蔓属
③多年生宿根草本花卉
④叶观赏期：全年
叶长带状，翠绿，薄而光亮。穗状花序高出叶丛，花小白色，花茎、苞片和基部的数枚叶片呈鲜红色，色彩艳丽持久。喜高温高湿和阳光充足环境，不耐寒，怕干旱，耐半阴但若长期光照不足，植株生长减慢，推迟开花。需肥沃、疏松和排水良好且富含腐殖质的微酸性壤土。盆栽株高约30 cm，可观叶观花，适宜在明亮的室内窗边长年欣赏，是目前世界花卉市场十分流行的盆栽花卉之一。

一叶兰

①别名：蜘蛛抱蛋、大叶万年青
②百合科蜘蛛抱蛋属
③多年生常绿宿根草本
④叶观赏期：全年
根状茎近圆柱形，叶单生，矩圆状披针形、披针形至近椭圆形，先端渐尖，边缘皱波状，叶片稍具黄白色斑点或条纹；叶柄明显，粗壮终年常绿，叶形挺拔整齐，叶色浓绿光亮，姿态优美、淡雅而有风度。性喜温暖湿润、半阴环境、较耐寒、极耐阴，生长适温为10~25 ℃。长势强健，适应性强，是室内绿化装饰的优良喜阴观叶植物。另有栽培品种：斑叶一叶兰、金线一叶兰。

彩叶草

①别名：五彩苏、洋紫苏、五色草
②唇形科鞘蕊花属
③多年生草本
④叶观赏期：全年
株高30~50 cm，叶对生，阔披针形至卵形，有深粗齿，叶形变化大，叶色丰富，有红、紫、黄、粉及彩色。花白色或淡蓝色，圆锥花序。喜温性植物，适应性强，夏季高温时稍加遮阴，喜充足阳光，光线充足能使叶色鲜艳。彩叶草的色彩鲜艳、品种甚多、繁殖容易，除可作小型观叶花卉陈设外，还可配置图案花坛，也可作为花篮、花束的配叶使用。

一品红

①别名：象牙红、老来娇、圣诞花、圣诞红
②大戟科大戟属
③常绿小灌木
⑤苞片观赏期：冬季
单叶互生，卵状，叶缘有浅裂。开花时，枝顶簇生数枚叶状红色苞片，苞片中央的花不明显。它是短日照植物，通过秋天短日照，冬天开花。喜温暖湿润，生长期需水分供应充足；喜阳光，在茎叶生长期需充足阳光。苞叶有黄、粉、白色品种。花色鲜艳，花期长，正值圣诞、元旦、春节开花，盆栽布置室内环境可增加喜庆气氛；也适宜布置会议等公共场所。全株有小毒。

鹅掌柴

①别名：鸭掌木、鹅掌木
②五加科鹅掌柴属
③常绿灌木
④叶观赏期：全年
掌状复叶，小叶5~8枚，长卵圆形，革质，深绿有光泽。圆锥状花序，小花淡红色。是热带、亚热带地区常绿阔叶林常见的植物。喜温暖、湿润，怕干，在全日照、半日照或半阴环境下均能生长。室内摆放鹅掌柴这样的多叶植物，可把湿度维持在很舒适的状态（60%左右）。鹅掌柴大型盆栽植物，适用于宾馆大厅、图书馆、展厅和家庭客厅摆放，呈现自然和谐的绿色环境。

巴西木

①别名：巴西铁树、巴西千年木、香龙血树
②龙舌兰科龙血树属
③常绿乔木
④叶观赏期：全年
叶簇生于茎顶，宽线性，尖稍钝，弯曲成弓形；叶缘呈波状起伏，鲜绿色，平行脉，有光泽，近无叶柄。喜高温多湿，对光线适应性很强，稍遮荫或阳光下都能生长，春秋冬季宜多受阳光，夏季则宜遮荫或放到室内通风良好处培养。耐旱不耐涝，畏寒冻。巴西木生命力强，在客厅、书房、起居室内摆放，格调高雅、质朴，有南国情调。

橡皮树

①别名：印度橡皮树、印度榕大叶青、
②桑科榕属
③常绿大乔木
④叶观赏期：全年
主干明显，少分枝，长有气根。单叶互生，叶片长椭圆形，厚革质，亮绿色，侧脉多而平行，幼嫩叶红色，叶柄粗壮。性喜高温湿润、阳光充足的环境，忌阳光直射，也能耐阴但不耐寒。观赏价值较高，是著名的盆栽观叶植物，中小型植株常用来美化客厅、书房；中大型植株适合布置在大型建筑物的门厅两侧及大堂中央，显得雄伟壮观，可体现热带风光。

散尾葵

①别名：黄椰子、紫葵
②棕榈科散尾葵属
③丛生常绿灌木或小乔木
④叶观赏期：全年
茎干光滑，无茎节，黄绿色，嫩时披蜡粉，上有明显叶痕。叶面滑细长，羽状全裂，长 40~150 cm，叶柄稍弯曲，先端柔软。性喜温暖湿润、半阴且通风良好的环境，怕冷，耐寒力弱，枝多叶茂，幼树盆栽作室内装饰是最有代表性的大型观叶植物，可提高室内湿度，有效吸收挥发性有机化合物和祛除香烟烟雾。树形高大，在较宽敞的地方与其他植物组景，观赏效果非常好，也适合放置在客厅等室内光线充足的地方。

夏威夷椰子

①别名：竹节椰子、竹茎玲珑椰子、竹榈
②棕榈科茶马椰子属
③丛生常绿灌木
④叶观赏期：全年
茎秆有明显茎节，似竹节，不分支。叶多着生茎干中上部，为羽状全裂，裂片披针形，互生。性喜高温高湿，耐阴，怕阳光直射；对土壤适应性强。夏威夷椰子不仅株姿优美，且易开花结籽，外观枝叶茂密、叶色浓绿，并富有光泽，羽片雅致，给人以端庄、文雅、清秀之美感，能长期摆放于室内，可花、果、叶、茎共赏，有利于净化空气，美化环境。

吊竹梅

①别名：吊竹兰、斑叶鸭跖草、花叶竹夹菜、红莲
②鸭跖草科紫露草属
③多年生常绿宿根草本
④叶观赏期：全年；花观赏期：6—8月
茎柔弱质脆，匍匐状，节处生根。叶互生，无柄，叶面紫绿色而杂以银白色，中部和边缘有紫色条纹，叶背紫色，通常无毛，全缘。花小紫色。因其叶形似竹、叶片美丽常以盆栽悬挂室内，观赏其四散柔垂的茎叶，故名之吊竹梅。多匍匐在阴湿地上生长，怕阳光暴晒，不耐寒，怕炎热，要求较高的空气湿度，在干燥的空气中叶片常干尖焦边。

人参榕

①别名：细叶榕、万年青、榕树须
②桑科榕属
③常绿乔木
④叶观赏期：全年；根观赏期：全年
树皮深灰色。叶薄革质，狭椭圆形，表面深绿色，有光泽，全缘。盆景以观赏榕树的树桩及根茎叶奇异形态为目的，贱生、易长、浓绿、常青是其基本特征。喜大水大肥、能耐旱又能耐湿，应放置在通风透光处，有一定的空间湿度。大型盆栽通过造型可装饰厅、堂、馆、舍，也可在小型古典式园林中摆放；树桩盆景可用来布置家庭居室、办公室及茶室，也可常年在公共场所陈设，无须精心管理和养护。

捕蝇草

①别名：维纳斯捕蝇草、食虫草、捕虫草
②茅膏菜科捕蝇草属
③多年生食虫草本
④叶观赏期：全年
植株矮小，10 cm 以下。叶片拥有捕食昆虫的功能，叶柄是扁平如叶片，叶柄末端有一个捕虫夹，叶缘会有齿状的刺毛，叶片表面布满红色消化点，并有 3 条敏感长腺毛，当昆虫触动后，叶面迅速闭合，并分泌消化液，将其消化。喜温暖、湿润和阳光充足的环境，怕干燥和强光，盛夏季节应适当遮光，不耐寒，生长期喜水喜肥。盆栽可作家庭、学校观赏，放于向阳窗台和阳台处。

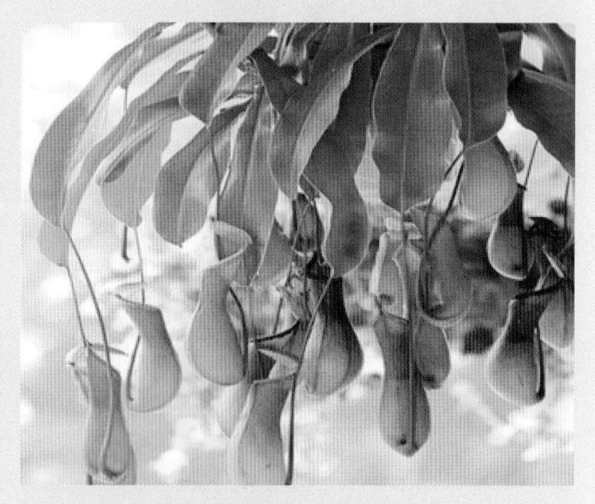

猪笼草

①别名：水罐植物、猪仔笼、雷公壶
②猪笼草科猪笼草属
③多年生常绿食虫草本或半木质化藤本
④叶观赏期：全年
猪笼草是猪笼草属全体物种的总称。叶互生，叶先端有独特的吸取营养的器官“捕虫笼”，捕虫笼呈圆筒形，下半部稍膨大，笼口上具有盖子，因其形状像猪笼而得名。性喜疏阴和比较湿润的环境，不耐寒。有极高的观赏价值，捕虫能力强。常用于盆栽或吊盆观赏，优雅别致，效果极佳。

苏铁

①别名：铁树、凤尾铁、凤尾蕉、凤尾松
②苏铁科苏铁属
③常绿灌木或小乔木
④叶观赏期：全年
主干粗壮呈圆柱形，上面充满鱼鳞状叶痕，叶片丛生于茎顶。盆栽株高多在2 m以下，不分枝，大型羽状叶，中肋两侧排列着几十对至上百对小叶，小叶长条形、坚硬。雌雄异株，未开花时植株没有区别。喜暖热湿润的环境，喜光，喜铁元素，稍耐半阴，不耐寒冷，生长甚慢。苏铁树形古雅，主干粗壮，坚硬如铁；羽叶洁滑光亮，四季常青，可植于庭前阶旁及草坪内；亦可作大型盆栽，适用于庭院屋廊、广场及厅室等公共场所摆设，殊为美观。

变叶木

①别名：洒金榕
②大戟科变叶木属
③常绿灌木或小乔木
④叶观赏期：全年
变叶木以其叶片形色而得名，叶革质，形状和色彩变异很大，极为美丽。叶色有亮绿色、白色、灰色、红色、淡红色、深红色、紫色、黄色、黄红色等。枝叶密生，是著名的观叶树种。喜高温、湿润和阳光充足的环境，不耐寒。华南常用于园林造景，北方常见盆栽，用于点缀案头、布置会场、厅堂。由于不甚耐阴，在室内观赏时间不宜超过2~3周。乳汁有毒，人畜误食叶或其液汁，有腹痛、腹泻等中毒症状。

琴叶榕

①别名：琴叶橡皮树
②桑科榕属
③常绿乔木
④叶观赏期：全年
因叶先端膨大呈提琴形状而得名。茎干直立，极少分枝，叶片密集生长，厚革质，深绿色有光泽，叶脉凹陷，节间较短。喜温暖、湿润和阳光充足环境，生长适温为25~35 ℃，宁湿勿干。琴叶榕具较高的观赏价值，是理想的客厅观叶植物，也可用于装饰会场或办公室，是当今国内外较为流行的盆栽树，对空气污染及尘埃抵抗力很强。

菜豆树

①别名：幸福树、辣椒树、山菜豆树、绿宝
②紫葳科菜豆树属
③中等落叶乔木
④叶观赏期：全年
树皮浅灰色，深纵裂，块状脱落。2~3回羽状复叶，叶轴长约30 cm，无毛。叶互生，中叶对生，呈卵形或卵状披针形，先端尾尖，全缘，无毛。性喜高温多湿、阳光充足的环境，全日照，半阴环境均可。在书桌、案头上摆放一盆绿叶小幸福树，富有文化气息。在公共场所或客厅一角配上一盆直立挺拔的幸福树，则使空间更显得朴实无华。

平安树

①别名：兰屿肉桂 、大叶肉桂、台湾肉桂
②樟科樟属
③常绿小乔木
④叶观赏期：全年
枝条及小枝褐色，叶片硕大，表面亮绿色，有金属光泽，离基三出脉，网脉两面明显。性喜温暖湿润、阳光充足的环境，喜光又耐阴，喜暖热、无霜雪、多雾高温之地，不耐干旱、积水、严寒和空气干燥。

橄榄树

①别名：油橄榄、齐墩果
②木犀科木樨榄属
③常绿乔木
④叶观赏期：全年
树皮粗糙，老时深纵裂，小枝四棱形。叶近革质，对生，窄卵状披针形或披针形，表面暗绿色，叶背密生灰白色鳞片，中脉在两面隆起，全缘。圆锥花序，花白色，芳香；核果近球形，黑色，光亮；花期 4—5 月，果熟期 10—12 月。喜光树种，有一定耐寒性，耐旱，耐寒，是生长能力很强的长寿树种。

铜钱草

①别名：中华天胡荽、地弹花
②伞形科天胡荽属
③多年生匍匐草本
④叶观赏期：全年；花观赏期：6—8 月
形状既像铜钱又像一片片小荷叶。株高 5~15 cm，节上长生根，沉水叶具长柄圆盾形，直径 2~4 cm。缘波状，草绿色，伞形花序，小果白粉色，性喜温暖潮湿，栽培处以半日照或遮阴处为佳，忌阳光直射，栽培土不拘，以松软排水良好的栽培土为佳，或用水直接栽培。最适水温 22~28 ℃，耐阴、耐湿，稍耐旱，适应性强，生性强健，种植容易，繁殖迅速，水陆两栖皆可。

薄荷

①别名：野薄荷、夜息香
②唇形科薄荷属
③多年生草本
④叶观赏期：全年
全株青气芳香。茎直立，高 30~60 cm，下部数节具纤细的须根及水平匍匐根状茎。叶对生，花小淡紫色，唇形，花后结暗紫棕色的小粒果。薄荷对温度适应能力较强，其根茎宿存越冬。其生长最适宜温度为 25~30 ℃。薄荷为长日照作物，性喜阳光。日照长，可促进薄荷开花，且利于薄荷油、薄荷脑的积累。

仙人掌

①别名：仙巴掌、霸王树、火焰、火掌
②仙人掌科仙人掌属
③丛生肉质灌木
④叶观赏期：全年
刺座疏生，直径0.2~0.9 cm，明显突出，成长后刺增粗增多，每小刺座具1~20根刺，密生短绵毛和倒刺刚毛，刺黄色。花辐状，花托倒卵形。喜强烈光照，耐炎热，干旱、瘠薄，生命力顽强，管理粗放，很适于在家庭阳台上栽培。种类繁多，世界上共有2 000余种。呼吸多在晚上较凉爽潮湿时进行，呼吸时吸入二氧化碳，释放出氧气，被称为夜间“氧吧”。

金琥

①别名：象牙球、金琥仙人球
②仙人掌科金琥属
③多年生草本植物
④叶观赏期：全年
它拥有浑圆碧绿的球体及钢硬的金黄色硬刺，为强刺类品种的代表种。球体的直径可达1 m左右，球体顶部密生一圈金黄色的绒毛。植株强健，喜阳光充足，每天至少需要有6小时的太阳直射光照，但夏季仍需适当遮荫。盆栽可长成规整的大型标本球，点缀厅堂，更显金碧辉煌，为室内盆栽植物中的佳品。

薄雪万年草

①别名：矶小松
②景天科景天属
③多年生草本植物
④叶观赏期：全年
茎匍匐生长，接触地面容易生长不定根。叶片棒状，表面覆有白色蜡粉。叶片密集生长於茎端，茎部的下位叶易脱落。开花期夏季，花朵5瓣星形，花色白略带粉红。喜全日照，半日照也能生长，但叶片排列会较松散。怕热耐寒，耐旱性强，生长迅速小型多肉植物，清秀典雅、富有野趣，可作为盆景的盆面点缀植物。黄金万年草是薄雪万年草的自然变种，黄金万年草养殖方法也相对容易。

生石花

①别名：石头花、石头草、象蹄、元宝、屁股花
②番杏科生石花属
③多年生小型多肉植物
④叶观赏期：全年
茎极短。变态叶肉质肥厚两片对生联结而成为倒圆锥体。品种较多，各具特色。3~4年生的生石花秋季从对生叶中开出黄、白、粉等色花朵，多在下午开放，傍晚闭合，次日午后又开，单朵花可开3~7天。喜冬暖夏凉气候。喜温暖干燥和阳光充足环境。怕低温，忌强光。生长适温为10~30 ℃。生石花形如彩石，色彩丰富，娇小玲珑，享有“有生命的石头”的美称。

宝石花

①别名：多肉植物、石莲花
②景天科石莲花属
③多年生常绿多肉植物
④叶观赏期：全年
民间统称莲花座造型的多肉植物。叶互生，肥厚多肉，倒卵形，淡绿色，有白粉，叶片集中轮生在短茎的顶端，排列紧密，交互组成莲座状。花梗从叶丛中抽出，总状聚伞花序，花淡红色。喜温暖、干燥和通风的环境，喜阳光，喜富含腐殖质的砂质壤土，也能适应贫瘠的土壤。形态独特，养护简单，分株及叶插均易成活，很适合家庭栽培。置于桌案、几架、窗台、阳台等处，充满趣味，如同有生命的工艺品，是近年来较流行的小型多肉植物。

芦荟

①别名：象胆、劳伟
②芦荟科芦荟属
③常绿多肉质的草本
④叶观赏期：全年
叶簇生、大而肥厚，呈座状或生于茎顶，叶常披针形或叶短宽，边缘有尖齿状刺。花序为伞形、总状、穗状、圆锥形等，色呈红、黄或具赤色斑点，花瓣六片。喜光，耐半阴，忌阳光直射和过度荫蔽，有较强的抗旱能力，离土的芦荟能干放数月不死，生长期需要充足的水分，但不耐涝。芦荟的生态环境不能受污染，注意通风。因其易于栽种，为花叶兼备的观赏植物，颇受大众喜爱。

珍珠吊兰

①别名：佛珠、翡翠珠、绿之铃
②菊科千里光属
③多年生常绿多肉植物
④叶观赏期：全年
叶互生，生长较疏，圆心形，深绿色，肥厚多汁，因由一串串鼓鼓的、饱满翠绿的椭圆形小叶子组成，和吊兰等植物一样，枝条都会向下长，形成众多的垂蔓，如同珠子。性喜富含有机质的、疏松肥沃的土壤。在温暖、空气湿度较大、强散射光的环境下生长最佳。夏季避免高温高湿，入秋后植株恢复生长，应增加光照，并追施液肥。

【实训考核】

（1）花卉基地实训

充分利用校园丰富的植物资源，针对课堂讲解的常见室内观叶植物，以小组为基本教学单位，进行常见室内观叶植物实训，如植物识别、拍照、标本采集等。通过校花房实训基地的实训，使学生开阔视野，在观察、思考、行动获得知识和技能。

（2）考核方式

每组依各班人数，保持在 6 人左右，每次实训结束返回到老师处进行分组考核。每组抽查 3 人左右回答相关问题，这 3 人的平均成绩计为小组本次室内观叶植物识别实训的成绩。

二、观花植物

室内观花植物，是指以花的形态、色泽和质地为主要观赏对象的植物，适宜在室内环境中较长期摆放的一类花卉，包括蕨类植物、草本和木本花卉。开花时为主要观赏期，其花色艳丽，花朵硕大，花形奇异，并具香气，有些既可观花也可观叶，如君子兰。有的单个花朵很大，轮廓清晰，成为人们关注的焦点；有的单个花朵很小，但当它们聚在一起时，也蔚为壮观。

1. 室内观花植物的特点

观花植物的茎、叶无独特之处，但花色鲜艳，花期较长，花朵的形状也是应有尽有，如月季、牡丹、山茶、杜鹃、大丽花、白玉兰、金鱼草、虞美人。栽植大多数观花植物的目的是欣赏花的色彩和外形，但有时也是为了享受花的芳香，如栀子花、茉莉等，在室内更容易闻到它们清淡优雅的香气。大多数观花植物的观赏期是有限的，花期长短相差较大。如兰花花期持续很长，而有些植物，虽然单个花朵凋谢快，但由于新花相继开放，因此欣赏期也很长。

观花植物首先应该选择四季开花的植物，如花烛、四季秋海棠等；其次要考虑花叶并茂的种类，一年花季虽不长，但无花时叶的观赏价值也是很高的，如蟹爪兰、鹤望兰等；再次可选择多年生植物，每年开花一季到两季，如百合等；最后为一二年生植物，开花虽只有一季，但开花时观赏价值极高，如瓜叶菊等。

2. 室内观花植物的分类

光照是花卉植物制造营养物质的能源，没有光的存在，光合作用就不能进行，花卉的生长发育就会受到严重影响。大多数植物只有在充足的光照条件下才能花繁叶茂。不同种类的花卉对光照的要求是不同的。

1）按对光照强度的要求分类

按照室内观花植物对光照强度不同的要求，大体上可将室内观花植物分为阴性室内观花植物、中性室内观花植物、阳性室内观花植物。

（1）阴性室内观花植物：原本生长在阴坡或林间较阴湿环境中的花卉，大多不喜欢强光直射，尤其在高温季节需要给予不同程度的遮荫，并注意适当增加空气湿度。在荫蔽环境中还能开出美丽花朵的植物不多，如玉簪、欧洲报春花、四季秋海棠、倒挂金钟、兰花、君子兰、大岩桐等。

（2）中性室内观花植物：要求室内光线明亮，每天有部分直射光线，是较喜光的种类，如蝴蝶兰、大花惠兰、鹤望兰、杜鹃花、八仙花、仙客来、长寿花、山茶花、紫叶鸭跖草、蟹爪兰、球根海棠。

（3）阳性室内观花植物：要求室内光线充足，需要在阳光下栽培才能生长良好，大部分观花、观果花卉都属于阳性花卉，如矮牵牛、郁金香、风信子、菊花、三角梅、茉莉、栀子花、米兰、百合、半支莲等。

综上所述，各种花卉对光照的要求不尽相同，而且即使是同一种花卉，在生长发育的不同阶段对光照的要求也不一样，幼苗需光量时可逐渐增加，阳性的菊花却要求在短日照的条件下形成花蕾。

2）按对光照时间的要求分类

按照室内观花植物对光照时间长短的要求，可以分为长日照室内观花植物、短日照室内观花植物、中日照室内观花植物和中间型室内观花植物。

（1）长日照室内观花植物：是指在日照时间长于一定数值（一般14~17小时）才能开花的植物，而且光照时间越长，开花越早。原产于北方，开花多半在早春初夏，如凤仙花、金盏菊、龙头花、雏菊、白兰花、茉莉、米兰、紫罗兰、麝香百合等。

（2）短日照室内观花植物：是指日照时间短于一定数值（少于12小时，但不少于8小时）才能开花的植物，原产于南方，如一品红、菊花、波斯菊、叶子花、蟹爪兰等。

（3）中日照室内观花植物：开花要求昼夜长短比例接近相等（12小时左右）。

（4）中间型室内观花植物：是在任何日照条件下都能开花的植物，对日照不敏感，只要其他生态条件合适，在不同的日照长短下四季都能开花，如月季、天竺葵等。

常见室内观花植物图鉴

玉簪

①别名：玉春棒、白萼、白鹤仙
②百合科玉簪属
③多年生宿根草本花卉
④叶观赏期：全年；花观赏期：7—9月
根状茎粗厚。叶卵状心形、卵形，先端近渐尖，基部心形，具6~10对侧脉。顶生总状花序，着花9~15朵。花白色，筒状漏斗形，有芳香。因其花苞质地娇莹如玉，状似头簪而得名。性强健，耐寒冷，属于典型的阴性植物，性喜阴湿环境，不耐强烈日光照射，要求土层深厚，排水良好且肥沃的砂质壤土。碧叶莹润，清秀挺拔，花色如玉，幽香四溢，是中国著名的传统香花，深受人们的喜爱。

欧洲报春花

①别名：欧洲樱草、德国报春、西洋樱草
②报春花科报春花属
③多年生草本花卉
④叶观赏期：全年；花观赏期：12月至第二年3月
株高约20 cm。叶基生，叶长10~15 cm，长椭圆形，叶脉深凹。叶绿色。伞状花序，花色艳丽丰富，有大红、粉红、紫、蓝、黄、橙、白等色，一般花心为黄色。性喜凉爽，耐潮湿，怕暴晒，不耐高温，要求土壤肥沃，排水良好。花期长，花色多而艳丽，又恰逢元旦、春节，宜室内中小型盆栽或作早春花坛用。

白鹤芋

①别名：白掌、和平芋、苞叶芋、一帆风顺
②天南星科苞叶芋属
③多年生草本
④叶观赏期：全年；花观赏期：5—8月
株高30~40 cm，喜高温多湿和半阴环境。无茎或茎短小，叶长圆或近披针形，具明显的中脉和叶柄，深绿色。春夏开花，佛焰苞大而显著，高出叶面，白色或微绿色，肉穗花序乳黄色。开花时十分美丽，不开花时亦是优良的室内盆栽观叶植物。生长势强健，容易栽培。喜高温多湿，生长适宜温度为18~28 ℃。甚耐阴，忌直射阳光。白鹤芋花叶美，轻盈多姿，生长旺盛，深受人们的青睐，适于住宅、学校或高楼大厦中庭的布置。

花烛

①别名：红鹅掌、火鹤花、安祖花、红掌
②天南星科花烛属
③多年生常绿草本植物
④叶观赏期：全年；花观赏期：全年
茎节短；叶自基部生出，绿色，革质，全缘，长圆状心形或卵心形。叶柄细长，佛焰苞平出，革质并有蜡质光泽，橙红色或猩红色；肉穗花序黄色，可常年开花不断。性喜温暖、潮湿、半阴的环境，忌阳光直射。花期持久，单朵可观赏一月余。花鲜艳夺目，叶色光亮清秀，是花叶俱美的观赏植物，盆栽摆放客厅和窗台，点缀橱窗、茶室和大堂，格外醒目，效果极佳。

兰花

①别名：中国兰、春兰、兰草、兰华、幽兰
②兰科兰属
③附生或地生草本
④叶观赏期：全年；花观赏期：品种不同时间不同
叶多呈线形。花分为内外两轮，内轮有一枚唇瓣。品种不同的兰花开花时间也不同，春兰在1—3月，墨兰在12月至第二年2月，建兰在5—10月，慧兰在3—5月，寒兰11月至第二年1月。喜阴，怕阳光直射；喜湿润，忌干燥；喜肥沃、富含大量腐殖质；宜空气流通的环境。兰花为中国十大名花之一，质朴文静、淡雅高洁，香气清幽，与“梅、竹、菊”并列，合称“四君子”。

蝴蝶兰

①别名：蝶兰、台湾蝴蝶兰
②兰科蝴蝶兰属
③附生性兰花
④叶观赏期：全年；花观赏期：4—6月
白色粗大的气根露在叶片周围，除了具有吸收空气中养分的作用外，还有生长和光合作用。新春时节，蝴蝶兰植株从叶腋中抽出长长的花梗，并且开出形如蝴蝶飞舞般的花朵，深受花迷们的青睐，素有“洋兰王后”之称。蝴蝶兰色彩多种，从纯白、粉红、黄花着斑，花期长。喜高温湿润，冬天注意防寒。喜散射光，放在薄纱帘下的窗边最合适不过了。

大花蕙兰

①别名：喜姆比兰、蝉兰
②兰科兰属
③附生或地生草本
④叶观赏期：全年
花瓣很大，直径可达 10 cm，故名。兰科蕙兰品种很多，达到上千种。四季常青，叶呈宽带状。花茎高 25~50 cm，顶端花多而密集，花色有橙色、黄色，冬春季开花。喜温暖湿润、半阴通风环境，天暖可置于凉棚下或北面潮湿处。室内盆栽盆栽大花惠兰株大棵壮，花茎直立或下垂，花姿优美，适用于室内花架、阳台、窗台摆放，更显典雅豪华，有较高品位和韵味。

君子兰

①别名：大花君子兰、大叶石蒜、剑叶石蒜
②石蒜科君子兰属
③多年生常绿草本植物
④叶观赏期：全年；花观赏期：1—6 月
根肉质纤维状。基生叶质厚，排列整齐，宽阔呈带形，有光泽及脉纹。叶子达 12 片以上才开花，花葶自叶腋中抽出，顶生伞形花序，着花多朵。花漏斗状，直立，黄或橘黄色、橙红色，花期长达 30~50 天。忌强光，为半阴性植物，喜凉爽，忌高温。喜肥厚、排水性良好的土壤和湿润的土壤，忌干燥环境。君子兰具有很高的观赏价值，寿命长达几十年。

鹤望兰

①别名：天堂鸟、极乐鸟花
②旅人蕉科鹤望兰属
③多年生草本植物
④叶观赏期：全年；花观赏期：12 月至第二年 1 月
无茎。叶片顶端急尖，叶柄细长。花数朵生于总花梗上，下托一佛焰苞；佛焰苞绿色，边紫红，萼片橙黄色，花瓣暗蓝色；雄蕊与花瓣等长；花药狭线形。其喜温暖、湿润、阳光充足的环境，畏严寒，忌酷热、忌旱、忌涝。鹤望兰四季常青，植株别致，具清晰、高雅之感。花朵相继而开，花期长达百日，也可采用自然式插花，为室内观赏的佳品。

蟹爪兰

①别名：蟹爪仙人掌、蟹爪莲、锦上添花
②仙人掌科蟹爪兰属
③附生肉质植物
④叶观赏期：全年；花观赏期：11 月至第二年 3 月
灌木状，茎悬垂，多分枝无刺，老茎木质化，幼茎扁平。鲜绿色或稍带紫色，顶端截形，花单生于枝顶，两侧对称；花萼顶端分离；花冠数轮，雄蕊多数。性喜凉爽、温暖的环境，较耐干旱，怕夏季高温炎热，较耐阴。蟹爪兰属短日照植物，可通过控制光照来调节花期，每天日照 8~10 小时，2~3 个月即可开花。

仙客来

①别名：萝卜海棠、兔耳花、兔子花
②报春花科仙客来属
③多年生草本植物
④叶观赏期：全年；花观赏期：12 月至第二年 5 月
叶片心形，有细锯齿，叶面绿色具有白色或灰色晕斑，叶背绿色或暗红色，叶柄较长，红褐色。花瓣由后向上反卷，像兔子耳朵一样，花色有紫、白、红、粉等色。喜温暖，怕炎热，在凉爽的环境下和富含腐殖质的肥沃砂质壤土中生长最好。花形别致，娇艳夺目，烂漫多姿，有的品种有香气，深受人们喜爱，是冬春季节名贵盆花。常用于室内花卉布置，并适作切花，水养持久，放在室内半阴凉爽的地方、玄关、客厅都很不错。

月季

①别名：月月红、月月花、长春花、四季花
②蔷薇科蔷薇属
③常绿、半常绿低矮灌木
④叶观赏期：全年；花观赏期： 4—8 月
株高 1~2 m，小枝粗壮，有短粗的钩状皮刺。小叶 3~5 片，边缘有锐锯齿。花型多样，有单瓣和重瓣，还有高心卷边等优美花型，其色彩艳丽、丰富，不仅有红、粉黄、白等单色，还有混色、银边等品种。多数品种有芳香。性喜温暖、日照充足、空气流通的环境，适应性强，耐寒耐暑，可地栽盆栽，适于美化庭院、装点园林、布置花坛、配植花篱、花架。月季栽培容易，可作切花，用于做花束和各种花篮。

杜鹃花

①别名：杜鹃花、山踯躅、山石榴、映山红
②杜鹃花科杜鹃属
③常绿或半常绿灌木
④叶观赏期：全年；花观赏期：4—5 月
高 2~5 m，分枝多而纤细，密被亮棕褐色毛。叶革质，边缘微反卷，具细齿。每簇花 2~6 朵，花冠漏斗形，有红、淡红、杏红、雪青、白等色。喜凉爽、湿润、通风的半阴环境，夏季要防晒遮阴，冬季应注意保暖防寒。全世界的杜鹃花科物种有 900 多种，分为“五大”品系：春鹃品系、夏鹃品系、西鹃品系、东鹃品系、高山杜鹃品系。作为中国十大名花之一，杜鹃枝繁叶茂，绮丽多姿，萌发力强，耐修剪，根桩奇特，是优良的盆景材料。

八仙花

①别名：绣球、粉团花、草绣球、紫阳花
②虎耳草科八仙花属
③落叶灌木
④叶观赏期：全年；花观赏期：6—8 月
小枝粗壮，皮孔明显。叶大而稍厚，对生，倒卵形，边缘有粗锯齿，叶柄粗壮。花大型，由许多不孕花组成顶生伞房花序。花色多变，初时白色，渐转蓝色或粉红色。喜温暖、湿润和半阴环境。短日照植物，每天黑暗处 10 小时以上，45~50 天形成花芽。八仙花花洁白丰满，大而美丽，其花色能红能蓝，令人悦目怡神，是常见的盆栽观赏花木。

山茶花

①别名：花牡丹、 洒金宝珠、大朱砂、绿珠球
②山茶科山茶属
③常绿灌木或小乔木
④叶观赏期：全年；花观赏期：9 月至第二年 4 月
树皮灰褐，单叶互生，倒卵形或椭圆形，短钝渐尖，基部楔形，有细锯齿，叶干后带黄色。花两性，单生于叶腋或枝顶，近无柄，单瓣或重瓣。花瓣 5~6 个，栽培品种花色有红、粉红、深红、玫瑰红、紫、淡紫、白、黄、斑纹等，气味微香，且多重瓣，顶端有凹缺。中国十大传统名花之一，也是世界名花之一。江南地区可丛植或散植于庭院、花径、假山旁，草坪及树丛边缘。北方宜盆栽，用来布置厅堂、会场效果甚佳。

圣诞伽蓝菜

①别名：长寿花、圣诞长寿花、矮生伽蓝菜
②景天科伽蓝菜属
③常绿多年生肉质草本
④叶观赏期：全年；花观赏期：2—5 月
株高 10~30 cm。茎直立。单叶对生，椭圆形，缘具钝齿。聚伞花序，小花橙红至绯红色。喜温暖稍湿润和阳光充足环境，不耐寒。短日照植物，对光周期反应比较敏感。生长发育好的植株，每天光照 8~9 小时，3~4 周即可出现花蕾开花。叶片密集翠绿，临近圣诞节日开花，拥簇成团，花色丰富，不开花时还可以赏叶，是冬、春季理想的室内盆栽花卉。

四季秋海棠

①别名：蚬肉秋海棠、玻璃翠、四季海棠
②秋海棠科秋海棠属
③多年生草本或木本
④叶观赏期：全年；花观赏期：全年
茎绿色，节部膨大多汁。有的有根茎，有的有状块茎。叶互生，有圆形或两侧不等的斜心脏形，有的叶片形似象耳，叶色有纯绿、红绿、紫红、深褐，或有白色斑纹，背面红色，有的叶片有突起。花顶生或腋生，聚伞花序，花有白、粉、红等色。晶莹翠绿的叶片，娇嫩艳丽的花朵，却艳而不俗，华美端庄。用来点缀居室，十分清新幽雅。如果吊盆、壁挂栽植，悬挂室内，则别具情趣。

球根秋海棠

①别名：球根海棠、茶花海棠
②秋海棠科秋海棠属
③多年生球根花卉
④叶观赏期：全年；花观赏期：6—9 月
株高约 30 cm，块茎呈不规则扁球形。叶为不规则心形，先端锐尖，基部偏斜，绿色，叶缘有粗齿及纤毛。腋生聚伞花序，花大而美丽。品种极多。花色丰富，有白、红、粉、橙、黄、紫红及复色。性喜温暖、湿润及通风良好的半阴环境。花大色艳，兼具茶花、牡丹、月季、香石竹等名花异卉的姿、色、香，是世界重要盆栽花卉之一。

紫叶鸭跖草

①别名：紫叶草、紫竹梅、紫锦草
②鸭跖草科紫竹梅属
③多年生草本植物
④叶观赏期：全年；花观赏期：5—10 月
茎下垂或匍匐，叶披针形，略有卷曲，基部抱茎。茎与叶均为暗紫色，被有短毛。小花生于茎顶端，鲜紫红色。喜温暖、湿润，不耐寒，要求光照充足，忌暴晒，喜半阴。对土壤要求不严，以疏松土壤为宜。在日照充分的条件下，茎叶均呈深紫色且花量较大。枝叶下垂生长，叶色醒目，观赏期长。适于垂吊花卉，或沿窗台、阳台边成排栽植都有较好的效果。

矮牵牛

①别名：碧冬茄、灵芝牡丹、矮喇叭
②茄科碧冬茄属
③多年生草本植物
④叶观赏期：全年；花观赏期：4—11 月
高 20~45 cm。茎匍地生长，被有黏质柔毛。叶质柔软，卵形，互生，上部叶对生。花单生，呈漏斗状，重瓣花球形，花白、紫或各种红色，并镶有它色边，非常美丽。喜温暖和阳光充足的环境，不耐霜冻，怕雨涝。属长日照植物，生长期要求阳光充足。春季进入长日照下，很快就从茎叶顶端分化花蕾。可以用于花坛布置、花槽配置、景点摆设、窗台点缀及家庭装饰。

郁金香

①别名：洋荷花、草麝香、郁香、荷兰花
②百合科郁金香属
③多年生球根草本植物
④叶观赏期：全年；花观赏期：4—5 月
花叶 3~5 枚，条状披针形至卵状披针状，花单朵顶生，大型而艳丽，花被片红色或杂有白色和黄色，有时为白色或黄色，长 5~7 cm，宽 2~4 cm，6 枚雄蕊等长，花丝无毛，无花柱，柱头增大呈鸡冠状。属长日照花卉，性喜向阳、避风，冬季温暖湿润，夏季凉爽干燥的气候。世界著名的球根花卉，还是优良的切花品种，花卉刚劲挺拔，叶色素雅秀丽，荷花似的花朵端庄动人，惹人喜爱。

风信子

①别名：洋水仙、西洋水仙、五色水仙
②风信子科风信子属
③多年生球根草本植物
④叶观赏期：全年；花观赏期：3—4 月
鳞茎未开花时形如大蒜。叶 4~9 枚，狭披针形，肉质基生。花葶端着生总状花序，小花10~20朵密生上部，花冠漏斗状，裂片 5 枚，向外侧下方反卷。原种为浅紫色，具芳香，有蓝、粉红、白、鹅黄、紫、黄、绯红、红 8 个品系。喜阳光充足和湿润的生长环境。植株低矮整齐，花序端庄，花姿美丽，是早春开花的著名球根花卉之一，可作切花、盆栽或水养观赏。球茎有毒性，严防小孩子或者动物误食。

茉莉花

①别名：茉莉、香魂、莫利花、没丽
②木樨科素馨属
③直立或攀援常绿灌木
④叶观赏期：全年；花观赏期：5—8 月
小枝圆柱形或稍压扁状，有时中空，疏被柔毛。叶对生，单叶，叶片纸质，圆形、椭圆形。聚伞花序顶生，通常有花 3 朵，花极香。喜温暖湿润，在通风良好、半阴的环境生长最好，以含有大量腐殖质的微酸性砂质土壤为最适合。叶色翠绿，花色洁白，香味浓厚，为常见庭院及盆栽观赏芳香花卉。

栀子花

①别名：黄栀子、 鲜支、栀子、支子花
③茜草科栀子属
③常绿灌木
④叶观赏期：全年；花观赏期：5—7 月
叶片倒卵形，革质，翠绿有光泽。花芳香，通常单朵生于枝顶，萼管倒圆锥形或卵形，有纵棱，顶部常 6 裂，裂片披针形或线状披针形。喜光照充足且通风良好的环境，但忌强光暴晒，耐半阴，怕积水，较耐寒。枝叶繁茂，叶色四季常绿，花芳香，为重要的庭院观赏植物，在北方只能作温室盆栽花卉。

菊花

①别名：寿客、金英、黄华、秋菊、陶菊
②菊科菊属
③多年生宿根亚灌木
④花观赏期： 9—11 月
茎直立，分枝或不分枝，被柔毛。叶卵形至披针形，互生有短柄，叶片羽状浅裂或半裂，边缘有粗大锯齿或深裂。头状花序单生或数个集生于茎端，多变化，形状因品种而有单瓣、平瓣、匙瓣等多种类型。花色有红、黄、白、橙、紫、粉红、暗红等色。喜阳光，忌荫蔽，较耐旱怕涝，也耐寒。属短日照植物，在短日照下能提早开花。中国十大名花排名第三，花中四君子之一，也是世界四大切花（菊花、月季、康乃馨、唐菖蒲）之一。

叶子花

①别名：三角花、室中花、九重葛、贺春红
②紫茉莉科叶子花属
③木质藤本状灌木
④叶观赏期：全年；花观赏期：11 月至第二年 6 月
茎有弯刺，并密生绒毛。单叶互生，卵形全缘，被厚绒毛，顶端圆钝。花很细小，黄绿色，三朵聚生于三片红苞中，外围的红苞片大而美丽，有鲜红、橙黄、紫红、乳白等色，被误认为是花瓣。因其形状似叶，故称其为叶子花。性喜温暖、湿润的气候和阳光充足的环境。叶子花观赏价值很高，在中国南方用作围墙的攀援花卉栽培。北方盆栽，置于门廊、庭院和厅堂入口处，十分醒目。

米兰花

①别名：四季米兰、碎米兰、珍珠兰、金粟兰
②楝科米仔兰属
③常绿灌木或小乔木
④叶观赏期：全年；花观赏期：5—12月
小枝顶部常有星状锈色小鳞片，羽状复叶互生。花呈黄色，味极香，直径约2 mm。两性花梗稍短而粗，花萼5裂，花瓣5枚，长圆形。枝叶茂密，叶色葱绿光亮，一年内多次开花，夏秋最盛。开花时清香四溢，气味似兰花。喜温暖湿润和阳光充足环境，不耐寒，稍耐阴。米兰是人们喜爱的花卉植物，花放时节香气袭人。米兰盆栽可陈列于客厅、书房和门廊，清新幽雅，舒人身心。

百合

①别名：强瞿、番韭、山丹、倒仙
②百合科百合属
③多年生草本球根植物
④叶观赏期：全年；花观赏期：6—7月
株高70~150 cm，鳞茎球形，淡白色，先端常开放如莲座状，由多数肉质肥厚、卵匙形的鳞片聚合而成。叶片总数可多于100片，互生，无柄，披针形至椭圆状披针形，全缘。花大，多白色，漏斗形，单生于茎顶。喜凉爽，较耐寒，高温地区生长不良。喜干燥，怕水涝。花姿雅致，叶片青翠娟秀，茎干亭亭玉立，是名贵的切花新秀，也可盆栽种植。

太阳花

①别名：半支莲、松叶牡丹、龙须牡丹、洋马齿苋
②马齿苋科马齿苋属
③多年生花卉
④花观赏期：6—9月
株高12~15 cm，匍匐地面，先端向上斜伸，分枝多，稍带紫色，光滑。花单生或数朵簇生于枝顶。花茎3~4 cm。有重瓣也有单瓣，花有红色、紫色或黄白色等。喜欢温暖、阳光充足而干燥的环境。由于它具有见阳光开花的习性，早、晚和阴天花朵闭合，阳光越强，开花越好，故有太阳花、午时花之名。盆栽可美化居室阳台、窗台，花茎托垂于盆外，向阳而开，如锦似绣。

龙船花

①别名：卖子木、山丹、英丹
②茜草科、龙船花属
③灌木
④花观赏期：3—12月
株高0.8~2 m，枝深褐色或灰色。叶对生，披针形。花序顶生，多花，花冠红色或红黄色，盛开时长2.5~3 cm，顶部4裂。植株低矮，花叶秀美，花色丰富，有红、橙、黄、白、双色等。株形美观，开花密集，花色丰富，是重要的盆栽木本花卉。中国南方露地栽植，适合庭院、宾馆、风景区布置，高低错落，花色鲜丽，景观效果极佳，广泛用于盆栽观赏。

三、观果植物

室内观果植物是指适应室内环境果实供观赏的植物。室内观果植物有金桔、石榴、山楂、火棘、枸骨、佛手、朱砂橘、乳茄、五彩椒、观赏蓖麻、紫金牛、观赏西红柿、朱砂根、无花果等。

室内观果植物有的色彩鲜艳，有的形状奇特，有的香气浓郁，有的着果丰硕，有的则兼具多种观赏性能。

室内观果植物种类较少，同时室内环境的特点和观果植物的习性，都决定了观果植物在室内结果不是件容易的事情。在没有典型的传粉媒介，如蛾、蜜蜂、苍蝇或蜂鸟的情况下，我们需要提供一点帮助：有时只要轻轻地摇晃成熟的花朵就会产生授粉。学会将花朵的雄性部分雄蕊与花朵的雌性部分柱头区别开来，再使用小软刷或棉拭子轻轻地蘸取雄蕊上的花粉（通常看起来是黄色的灰尘），然后移到雌蕊的柱头上。植物得以授粉，才可能结出果实。但注意，只能允许室内植物上结出少量的果实，因为光照有限，无法满足大量果实的收获。如果需要，用支架支撑结出果实的脆弱枝条，防止枝条断裂。

常见室内观果植物图鉴

五彩椒

①别名：五指茄、黄金果
②茄科辣椒属
③多年生草本植物
④花观赏期：5—7 月；果观赏期：8 月
株高 30~60 cm，茎直立，常呈半木质化，分枝多，单叶互生。花多色，形小不显眼。果实簇生于枝端，同一株果实可有红、黄、紫、白等各种颜色，有光泽，盆栽观赏很逗人喜爱。可食用，风味同青椒一样。不耐寒，喜温热，要求光照充足，在潮湿、肥沃的土壤上生长良好。五彩椒是辣椒中之珍品，也是一种优良的盆栽观果花卉，集食用、药用、观赏于一体。

朱砂根

①别名：富贵籽、大罗伞、红铜盘、黄金万两
②紫金牛科紫金牛属
③常绿小灌木
④花观赏期：5—7月；果观赏期：9—12月
叶互生，质厚有光泽，边缘具钝齿。肉质根，初夏开花，核果球形，果径8~12 mm，初冬果转红色，鲜红泛光。挂果期长达10个月或更长，常年挂果经久不落，最佳观赏期正跨度元旦、春节、元宵，是人们喜庆佳节室内布置的优良观果花卉。耐阴湿，适种性广，无病虫害。株型美观大方，果实累累，每株在200~1 000粒不等。粒粒色质一致，与绿叶形成强烈对比，增添成功、喜庆、富贵、吉祥的感觉，观赏性极强。

金桔

①别名：金枣、金丹、金柑、金橘
②芸香科金柑属
③常绿灌木或小乔木
④花观赏期：6—9月；果观赏期：10月到第二年1月
叶披针形至长椭圆形，全缘，叶柄稍有翅。花小，白色，芳香，花瓣5。果椭圆形，长2.5~3.5 cm，金黄色。金桔喜阳光和温暖、湿润的环境，不耐寒，稍耐阴，耐旱，要求排水良好的肥沃、疏松的微酸性砂质壤土。盆栽四季长青，枝叶繁茂，树形优美。夏季开花，花色玉白，香气远溢。秋冬季果熟或黄或红，具清香，挂果时间较长，同时其味道酸甜可口，有多种营养元素，是极好的观果花卉。

柠檬

①别名：柠果、洋柠檬、益母果、益母子
②芸香科柑橘属
③小乔木
④花观赏期：4—5月；果观赏期：9—11月
枝少刺或近于无刺，嫩叶及花芽暗紫红色，叶片厚纸质，卵形或椭圆形。单花腋生或少花簇生，花期可达45天左右，花有香味。果椭圆形或卵形，果皮厚，通常粗糙，柠檬黄色。喜光植物，然而阳光过分强烈，则生长发育不良。喜温暖，耐阴，不耐寒，也怕热。它的果实汁多肉脆，有浓郁的芳香气，含有丰富的柠檬酸，养生价值与观赏价值兼备。

佛手

①别名：佛手柑、五指橘、飞穰、蜜罗柑
②芸香科柑桔属
③常绿灌木或小乔木
④花观赏期：4—5月；果观赏期：9—11月
茎叶基有长约6 cm的硬锐刺。单叶互生，长椭圆形，有透明油点。花多在叶腋间生出，数朵成束。果大供药用，皮鲜黄色，皱而有光泽，顶端分开，常张开如手指状，故名佛手。热带、亚热带植物，喜温暖湿润、阳光充足的环境，不耐严寒及干旱，耐阴，耐瘠，耐涝。成熟的金佛手颜色金黄，时时溢出芳香，净化室内空气，抑制细菌。挂果3~4个月之久，甚至更长。

无花果

①别名：阿驲、阿驿、映日果、优昙钵、蜜果
②桑科榕属
③常绿或落叶灌木
④花果观赏期：5—7月
干皮灰褐色。小枝粗壮，单叶互生，厚膜质，宽卵形或近球形，3~5掌状深裂，边缘有波状齿，上面粗糙，下面有短毛。隐头肉质花序托有短梗，单生于叶腋。雄花生于一花序托内面的上半部；雌花生于另一花序托内。聚花果梨形，熟时黑紫色。喜温暖湿润的海洋性气候，喜光、喜肥，不耐寒，不抗涝，较耐干旱。叶片宽大，果实奇特，夏秋果实累累，当年栽植当年结果，是最好的盆栽果树之一。

石榴

①别名：安石榴、 若榴
②石榴科石榴属
③落叶灌木或乔木
④花观赏期：5—6月；果观赏期：9—10月
叶通常对生，纸质，矩圆状披针形。花大，1~5朵生枝顶，花瓣有大红色、黄色或白色。浆果近球形，通常为淡黄褐色或淡黄绿色。种子多数钝角形，红色至乳白色，肉质的外种皮供食用。石榴分花石榴和果石榴，花石榴品种的雌蕊退化不结果。喜温暖向阳的环境，耐旱、耐寒，也耐瘠薄，不耐涝和荫蔽。对土壤要求不严。重瓣的多难结实，以观花为主。单瓣的易结实，以观果为主。

乳茄

①别名：五指茄、黄金果
②茄科茄属
③直立草本
④花果观赏期：6—10月
果实基部有乳头状突起，或如手指，或如牛角。它果形奇特，观果期达半年，鲜艳果色，是一种珍贵的观果植物。性喜温暖、湿润和阳光充足环境，有一定的耐寒性，怕水涝和干旱，宜肥沃、疏松和排水良好的砂质壤土。可以采用播种和扦插繁殖，在切花和盆栽花卉上应用广泛。果实经久不变色、不干缩，金光灿灿，象征财运高照、五代同堂、吉祥如意。

任务3

室内绿植栽培养护

任务概述

本任务从室内绿植栽培到室内绿植养护，从生活中常见易得的植物材料入手，贯穿绿植生长的全过程。

从捡拾到种植，从发芽到长成，栽培养护本身就是最佳的生态观察方式，通过动手操作，亲身体验，激发学生对植物种植和植物装饰的学习兴趣，为后面的学习奠定基础。

教学目标

通过对本任务的学习，让学生了解到植物的繁殖栽培可分为无性繁殖和有性繁殖，掌握种子盆栽和蔬菜盆栽的种植方法，能够独立制作具有艺术美感的盆栽作品；能够根据不同室内生态环境，解决栽培养护的常见问题；能够根据不同水培植物的形态特征、生长习性，制作完成水培盆栽。

教学难点

室内绿植养护。

一、室内绿植繁殖

植物繁殖是指植物产生同自己相似的新个体。这是植物繁衍后代、延续物种的一种自然现象，也是植物生命的基本特征之一。

不同的植物，其栽培方法是不一样的。但一个重要原则是必须顺应植物的生长特性，尊重其生长规律，不仅可以提高成活率，还可以大力发挥其超强的繁殖力。无论哪一种植物，都可根据植物生长繁殖的部位，将其栽培方法分为营养繁殖和种子繁殖两大类。

营养繁殖（无性繁殖）：不通过有性途径，而是利用营养器官，如根、叶、茎等繁殖后代。营养繁殖能够保持某些栽培物的优良性征，而且繁殖速度较快，主要有根繁殖法、茎繁殖法、叶繁殖法、花繁殖法等。

种子繁殖（有性繁殖）：把植物的种子当作繁殖材料进行繁殖。世界上大部分植物具有种子繁殖的天然本领。种子借助于鸟类、风等媒介进行传播。

本书从装饰艺术的角度出发，介绍以观赏为主要目地的种子盆栽和蔬菜盆栽。

1. 种子盆栽

种子盆栽，顾名思义，就是把种子放入容器中种植，并具有一定观赏价值的室内盆栽。种子发芽后会维持很长一段时间的幼苗状态，有的线条修长，身姿曼妙，有的茂密如迷你室内小森林，无论哪种都有一番观赏与种植的乐趣。

一般人的印象中，盆栽总是需要阳光、土壤、水、肥料及妥善的照料，才能长得好、长得美，忙碌的现代人，总是会先入为主地将盆栽跟“麻烦”画上等号。但种植盆栽其实也可以很简单！种子盆栽只要喷水，不用施肥，不需日照，而且放在室内即可。

1）种子是植物的生殖器官之一

植物的六大器官有根、茎、叶、花、果、种子。

种子是种子繁殖的繁殖体系，对延续物种起着重要作用。种子一般由种皮、胚和胚乳三个部分组成。种子与人类生活关系密切，许多种子能食用，是餐桌上的美味佳肴。除日常生活必需的粮、油、棉外，一些药用（如杏仁）、调味（如胡椒）、饮料（如咖啡、可可）都来自种子。

种子形成后虽已成熟，但即使在适宜的环境条件下，也往往不能立即萌发，必须经过一个相对静止的阶段后才能萌发，种子的这一性质称为休眠。休眠的种子处在新陈代谢十分缓慢，甚至接近于不活动的状态。实验证实，低温、低湿、黑暗以及降低空气中的含氧量是理想的种子储存条件。

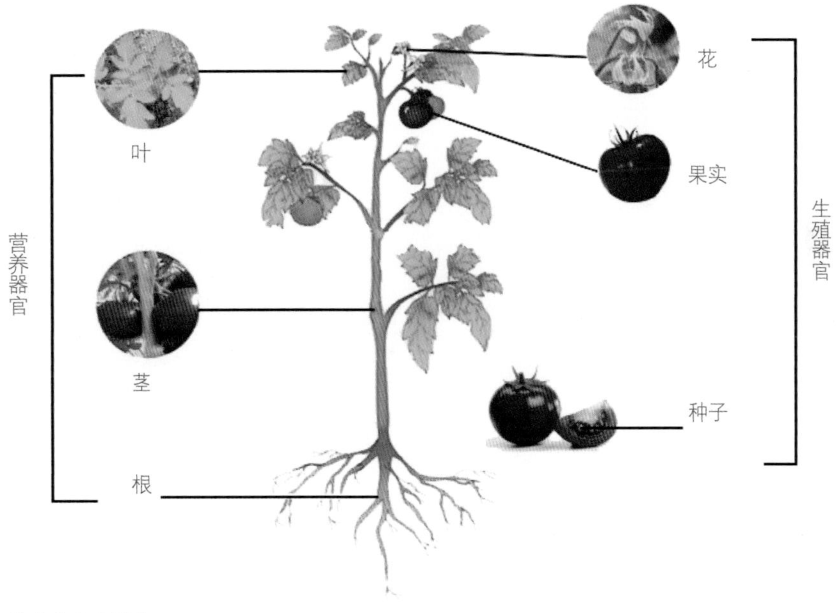

植物的六大器官

2）种子的获得和处理

一般种子多半是现成的蔬果种子，也可捡拾路边或公园的树木种子。只要是新鲜的种子都是可以尝试种植的，基本上都会发芽，但有些种子即使发芽了，成长期也很短，且长出来的姿态不优美，也就不适合放在室内当作种子盆栽观赏。

需要强调的是，并不是所有的水果果核都可以直接当种子来使用。例如吃完的柚子籽，先用小刀去壳，这样可以使种子不用突破外壳而加速发芽，种苗长出来后会更整齐。当然剥壳不是必要的工作，直接种植也可以。

取得新鲜的种子后，清洁是最重要、最基本的处理环节。有的种子需要搓洗掉果肉和黏膜。大多数种子需要泡水 5 ~ 10 天软化外壳，以提升种子的发芽率，而且每天要冲洗换水，以免种子腐烂。如果种子泡水后，浮在水面上，代表它重量轻、不饱满，很可能是一颗不健康的种子，应该舍弃。做好种子的筛选工作，发芽率才能提升至 100%。

3）种子盆栽的基本工具

（1）土壤：尽量选用培养土。因为它透水、透气性好，而且干净不带病虫，不易滋生细菌。

（2）喷壶：如果直接浇水，水分会分布不均匀，一旦积水易烂根。所以，喷壶是必备工具。

（3）尖嘴镊子：要栽植出美观的种子森林，一定要用镊子把种子排列整齐。

（4）麦饭石：可以净化水质，覆盖在种子上，也能让根部往下扎得更牢固。

4）种子盆栽容器的选择

（1）无洞盆器：种子盆栽种于室内，为了保持居家环境整洁，避免弄脏地面、滋生蚊虫，建议使用无洞盆器，如果容器本身就有洞的，可以用胶带封住。

（2）素色的盆器：可以使用花色不太复杂的素色盆器。这样种子盆栽的焦点才会在植物本身，美感才能协调。在材质上，陶盆、玻璃容器、瓷器都是很常见的种植盆器。

（3）旧物利用：将日常生活中的瓶瓶罐罐做些简单改造，也可以达到不错的效果。

（4）器形选择：如柠檬、火龙果等，希望营造茂密的室内小森林，欣赏茂盛的美感，盆器就要选择宽口的浅盆器。如芒果、鳄梨等，要欣赏植株线条的美感，就要选择有点高度的盆器。盆器的选择与搭配是一门学问，要多观察每一种种子的特性，才能种出如同艺术般的种子盆栽。

种子盆栽的基本工具

种子盆栽的容器选择

5）种子的排列

种子的排列位置会直接影响种子盆栽的生长状态和最终的观赏效果，所以对种子的排列是有一定要求的。

（1）土壤：将土壤倒进盆器后，只需平铺，不要用力按压，这是让种子容易排列的小诀窍。

（2）镊子：种子的排列看似简单，但要排得整齐、好看却不容易，许多人刚开始种植种子盆栽时，总是会把种子排得乱七八糟、东倒西歪的，这是因为不习惯使用镊子来做排列。

（3）排列方式：种子是由外排到内，这样比较整齐。

（4）覆土：种子排列完成后，再覆盖上一层麦饭石或土壤。

种子的排列

6）种子盆栽的养护重点

种子盆栽的照顾方式非常简单，只要室内的光线充足，再定时浇水，照顾得当，维持至少一年的常绿是没有问题的。

（1）不晒太阳：从发芽起，植物就已经适应了室内环境，突然移至室外，反而会加快其生命结束的速度。

（2）不施肥：种子盆栽在室内培植，施肥会让种子盆栽营养过剩，从而影响植物的生长。

（3）用喷壶喷水：生长在室内的植物，大约两天喷水一次，每次来回喷三圈左右即可。忙碌时忘了浇水，植物的叶子蔫了，需要用加倍的水量。

有些种子无法发芽会腐烂而引来小虫，可取出坏掉的种子，把盆栽拿到室外没有直接暴晒的地方放上几天，等小虫消失后再拿到室内。

【实训 1】苹果种子盆栽

苹果种子盆栽是利用最常见的苹果果核，栽培具有一定观赏价值的室内植物盆栽。即使是放了很久的不能吃的苹果，取出种子，同样能够“化腐朽为神奇”。

（1）实训前的准备

工具：剪刀（或小刀）、喷雾瓶、镊子。

材料：苹果（或梨、柠檬、柚子等）种子，一个可密封的盒子（也可以用酸奶杯或一次性杯子）、纸巾、标签贴、笔、培养土、无洞盆器。

（2）相关知识

①催芽：种子成熟之后会进入休眠期，在温度湿度适宜的情况下，种子会结束休眠然后发芽生根。为了让种子尽快发芽，需对其进行催芽。发芽时间 2 ~ 15 天不等，具体还得视种子萌芽期而定。

②湿巾催芽法：对于小批量催芽，最常用的就是湿巾催芽法。准备普通纸巾喷水润湿，将种子放在上面。找个杯子盖住种子，或是用塑料袋密封装起来。无论你用什么容器，确保它可以密封。种子只要发芽生根就可以转移到土上培植了。

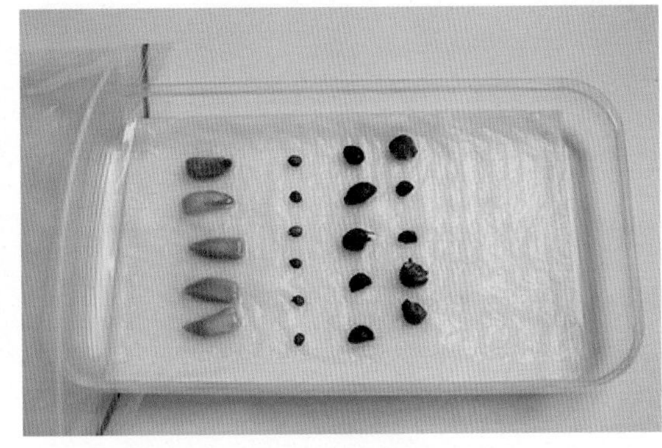

湿巾催芽法

③催芽的技术要领

温度：种子的发芽温度在 20 ~ 30 ℃。

光照：大多数（90% 以上）的种子发芽是不需要光照的。

水分：种子在发芽过程中，必须有充足的水分，以完成发芽的全部过程。

（3）实施步骤

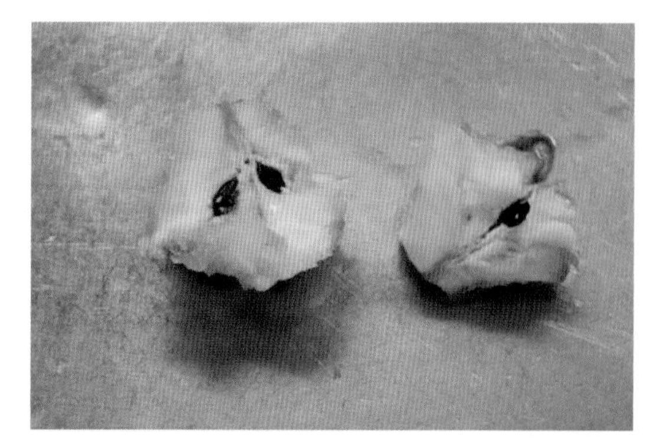

①准备一把剪刀，破开果核，挑出种子。

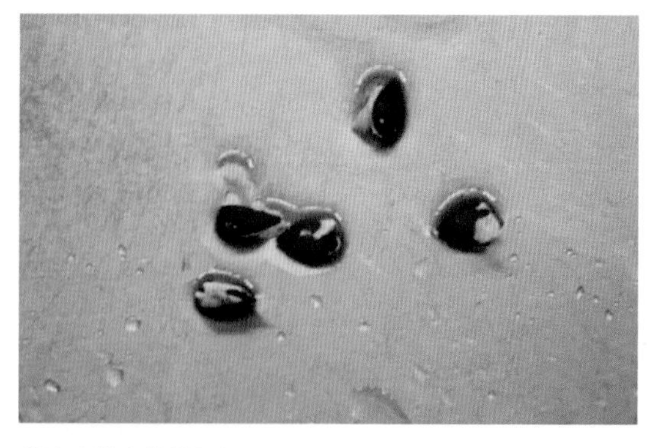

②洗净挑出的种子备用。

③把洗净的苹果种子放入铺有一层纸巾的盒中。

④再在上面覆上一张纸巾备用。

⑤用喷雾把纸巾喷湿，注意水不可喷太多，以防止种子腐烂。

⑥盖上盖子，贴上标签。

⑦大概 2 ~ 3 天种子就会发芽。这段细细长长的是根而不是芽，我们需要把图中根的部分埋入准备好的育苗土中，芽头朝上。

⑧几天后，小芽们便争相破土而出。每天只要用喷雾喷点水，挪到窗边晒点阳光。

⑨长了两三个月的苹果小苗。

⑩只要用心付出，小小的种子就会回报你一棵新长的嫩芽。

【实训2】火龙果种子盆栽

火龙果种子盆栽是利用火龙果的种子，栽培具有一定观赏价值的室内植物盆栽。在温暖的地方，火龙果一年四季均可种植，但在夏季种植最好，后期养护比较容易，3 ~ 4 周后，火龙果的子叶舒展开来，翠绿而饱满，6 个月后，变成肥肥胖胖的像“仙人掌”的绿植，观赏价值较高。

(1) 实训前的准备

工具: 不锈钢汤匙、盆、丝袜或纱布、保鲜膜、喷壶。

材料: 火龙果种子、小石子、培养土、无洞盆器、标签、笔。

(2) 相关知识

①火龙果种子的最佳发芽温度是 25 ℃左右。

②一颗中等大小的火龙果里的种子，至少可以制作 10 盆小盆栽，按照自己的需要来取用种子就好了。

火龙果种子盆栽

③要选择颗粒比较细的培养土，也可以用市售的播种土代替。

④一定要将附在种子上的果肉和胶质清除干净，否则发芽时易生霉菌。

⑤做小盆栽时，为了确保盆栽成形之后有较好的观赏性，种子要铺得厚一些、密一些，尤其是边缘的部分，否则种出来稀稀疏疏的会失去美感。

⑥因为盆器没有底孔，所以不要用水壶直接浇水以免浇水过量，2~3 天用喷壶喷水一次就可以了。

（3）实施步骤

①从一个熟透的火龙果，取出部分果肉。

②将果肉浸泡在水里碾碎。用过滤布筛洗几遍，去掉多余的果肉。

③再用过滤网过滤几遍，直到果肉跟种子完全分离。

④把种子晒干。

⑤取一个不透孔的盆器，在底部垫些碎石子，再撒些土壤覆盖碎石子。

⑥在土壤里撒下晒干的种子，用喷壶轻轻喷洒些水，不可直接倒水。

⑦用保鲜膜覆盖住盆器，记得每隔一天都要掀开保鲜膜用喷壶洒水。

⑧过了 3~5 天，种子开始发芽了，这时候就可以去掉覆盖在上面的保鲜膜，让小盆栽逐渐接受温和的阳光照射，2 ~ 3 天用喷壶喷一次水。

⑨再过段时间，小苗苗就又开始长高了。

⑩ 2~3 个月后，像仙人掌一样的小刺才长出来。

⑪大概又过了几周，小苗苗开始长成带着小刺，类似“仙人掌”的形状。

⑫待小苗苗长得稍粗壮些，就可以从盆栽器中倒出来，分开种植了。

【实训3】芒果种子盆栽

芒果种子盆栽是利用芒果的种子，栽培具有一定观赏价值的室内植物盆栽。芒果种子盆栽养成后植株的线条修长，树叶碧绿舒展，充满生机，选择有点高度的盆器，能够更好地突出它独特的美感。

培育3个月的芒果种子盆栽

（1）实训前的准备

工具：剪刀（或小刀）、喷壶、盘子。

材料：芒果种子、培养土、小石子、无洞盆器、标签贴、笔。

（2）相关知识

①芒果喜高温、干燥的天气，最适合温度为24～30 ℃，气温降到10 ℃以下会停止生长。

②芒果盆栽越长越高，该怎么办？可以从茎和叶连接的地方剪掉，会再重新长出新芽。

③为什么一剥开芒果籽，里面的种子都已经长根了呢？有些芒果因为已经过度成熟，所以一剖开外壳，就会看到种子已长出根，这样更方便种植。没有长根的种子，就要用泡水方式等待其长根。

（3）实施步骤

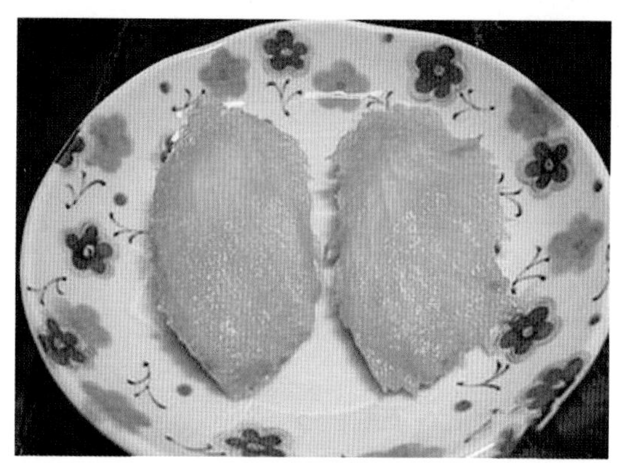

①挑选一颗熟透的芒果，这个很重要，关系到会不会发芽，吃完后将果核留下备用。

②用水果刀，将果核外面残余的黄色果肉都刮掉，清洗干净后放在干燥通风处阴干。2天后外表呈现米白色。

③用比较锋利的剪刀，从果核的边缘处剪开，打开外壳。

④打开后就可以看到里面，将芒果的种子取出。

⑤用小刀小心地剥除种子表面呈咖啡色的薄膜。这个步骤比较难，既要小心手，也要小心别将种子刮伤了。种子剥除以后浸泡在水里，每天换水清除浸泡出来的杂质。

⑥ 4 天以后，浸泡的种子就会发芽，即可开始种植了。浸泡时间不宜太长，否则种子会被泡烂，大概 4 ~ 7 天比较合适。浸泡过程中，种子会逐渐变成淡淡的黄绿色。

⑦选择合适的盆器——因为芒果盆栽长成后会比较高大，因此应选择比较高的盆。

⑧用筷子在土里挖出适合种子大小的洞，嫩芽一端朝上，根部朝下，将芒果种子放到土壤中，朝上的部分要稍微露在土壤外面，然后喷洒一些水让土表面有潮湿感。

⑨铺上薄薄的一层麦饭石或者小石子，再用洒水壶喷水2~3 圈，让土壤和种子完全湿透。之后把盆栽转移到间接阳光处，等待发芽。一两天喷水一次。

⑩约 4 天后嫩芽就开始长出来，并且迅速向上长高。一段时间后，种子变成绿色，茎叶为暗红色。

【种子盆栽要点】

（1）种子处理过程

取得新鲜的种子后，清洁是最重要和最基本的处理环节。有的种子需要搓洗掉果肉和黏膜。大多数种子需要泡水 5 ~ 10 天软化外壳，以提升种子的发芽率，而且每天要冲洗换水，以免种子腐烂。

（2）催芽过程

①湿度：在出芽之前务必保持纸巾湿润，即保持种子发芽湿度。

②时间：发芽时间 3 ~ 15 天。

③移植：种子发芽后尽早移植，以免伤害根系。

（3）种植过程

①徒长：植物失去原本矮壮的造型，茎叶疯狂伸长的现象，称为“徒长”，室内缺少日照、光线过暗、浇水又相对较多是主因。已经徒长的植物，基本是没可能再变回去了，可以在春秋生长期，截下顶部晾干伤口后枝插。一定记得将植物晒足太阳（室内可放在南面等光线充足的窗台上），若是不能保证日照，浇水就略控制些。

②烂根：种植新手都忍不住给盆栽浇水，而种子盆栽选用的是无洞盆器，水浇得太多产生了积水，土壤中缺乏氧气，就会出现烂根现象。种子盆栽只需要用喷壶每两天喷水一次就可以了。另外，培养土中所掺和的各种有机质，如果未经充分发酵腐熟，生肥发酵时温度过高，就会导致根系烧烂。植物烂根后采取切根的方式对很多植物来说伤害很大。如果是肉质根切除腐烂部分后伤口处最好涂上生石灰以利于伤口的愈合，放在阴凉通风处晾干再重新移栽，浇透水同时更换透气性好的盆土，注意遮阴，缓苗时间视养殖环境而定（一般几天即可）。

③黄叶：保持室内温度的稳定性，避免盆栽周围温度忽高忽低，不要突然把长期室内种植的盆栽放到室外种植。注意室内通风，冬季至少 3 天开窗一次，一般在晴天中午开窗，每次通风应不少于 1 小时。

④蚊虫：种子清洁不彻底、土壤含有机肥都有可能会引来蚊虫。把盆栽移至室外间接光照处放上几天，等小虫消失后再移回室内。

【学生习作】

种植各种各样的种子盆栽，根据种子幼苗的形态特点，选择具有艺术性的盆器，动手改造独具个性的艺术盆栽。

花生种子盆栽

桂圆种子盆栽

芒果种子盆栽

枇杷种子盆栽

含羞草种子盆栽

绿豆种子盆栽

牛油果种子盆栽

板栗种子盆栽

柠檬种子盆栽

柚子种子盆栽

小麦种子盆栽

2. 蔬菜盆栽

蔬菜盆栽，顾名思义，就是在花盆或其他容器内种植蔬菜，供人观赏和采摘。随着人们生活水平的不断提高，生活在城市的人们对蔬菜表现出求新、求特的需要，一些新型的种植方式逐渐被人们接受，人们希望在家中种植一些既能观赏又能食用的蔬菜，过年过节时还可作为礼品送给亲朋好友。

蔬菜盆栽需安排适宜播种期，据生育期长短安排种植，短周期的快速蔬菜：蒜苗、小油菜、芥菜、油麦菜等；收获时间长的蔬菜：番茄、韭菜、葱、辣椒等；节约空间的蔬菜：胡萝卜、香菜、姜、蒜等。在学习中可根据学期所处时节去选择应季的蔬菜，独立完成一个或多个蔬菜盆栽。

1）蔬菜盆栽的栽培方法

蔬菜盆栽培育，主要采用的是营养繁殖（无性繁殖）的方法。

（1）根繁殖法：充分利用植物根的特性进行繁殖。这样的植物比较多。

（2）茎繁殖法：选取植物的茎作为母子进行繁殖。这样的植物以块茎见长，如红薯就是利用块状茎进行繁殖的。

（3）叶繁殖法：以植物的叶子为繁殖对象。

2）蔬菜种子的获得和处理

（1）获得：一般盆栽蔬菜多半是市场购买来的现成的蔬菜。只要是新鲜的蔬菜都是可以尝试种植的，基本上都会发芽，但有些蔬菜即使发芽了，成长期也很短且长出来的姿态不优美，不适合放在室内当作蔬菜盆栽观赏。以观赏为主要目的的常见蔬菜盆栽有生姜、红薯、土豆、胡萝卜、卷心菜、洋葱、芹菜、大蒜、百合等。

（2）处理：取得新鲜的蔬菜后，清洁是最重要、最基本的处理环节。有的蔬菜需要做一些切割、分离，只需要截取根部、芽点。大多数蔬菜可以直接泡在水里等它生根发芽，称为水培。

3）蔬菜盆栽的工具和材料

制作蔬菜盆栽一般是利用蔬菜根部或扦插技术，使用的工具比较简单，甚至小铲和栽培介质也可以省去，直接泡水里就可以了。制作蔬菜盆栽的工具和材料主要有：

菜刀：可以切下不需要的蔬菜部分。

剪刀：剪去枝条，修剪黄叶、植株造型。

红葱头盆栽

生姜盆栽

小铲、小勺：用来盛取栽培介质。

栽培介质：陶粒、培养土、铺面石。土壤尽量选用培养土，因为它透水、透气性好，而且干净不带病虫，不易滋生细菌。

4）蔬菜盆栽容器的选择

无洞盆器：蔬菜盆栽种于室内，为了保持居家环境整洁，避免弄脏地面、滋生蚊虫，建议使用无洞盆器。如果容器本身就有洞的，可以用胶带封住。

素色的盆器：建议使用素色的盆器，这样种子盆栽的焦点才会在植物本身，美感才能协调。在材质上，陶盆、玻璃容器、瓷器都是很常见的种植盆器。将日常生活中的瓶瓶罐罐做些简单改造，也可以达到不错的效果。

器形选择：盆器的选择与搭配是一门学问，要观察每一种蔬菜的特性，再搭配上适合的盆器，才能突出每种蔬菜独特的美感。

卷心菜盆栽

玉米盆栽

5）蔬菜盆栽的养护重点

盆栽蔬菜可作为微型盆景点缀居室，将庭院、阳台装扮得葱绿嫣红，也可食用，是健康安全的食物来源。蔬菜盆栽的照顾方式非常简单，只要室内的光线充足，除了浇水还需要注意以下问题：

（1）捉虫：方法原始却很有效，要经常留心菜叶正反面和周围的泥土，看有没有害虫的迹象。

（2）隔离：看到遭病虫害感染、侵食的枝叶，就当立即摘除，受害太深的蔬菜当连根拔起。

（3）杀虫：可以自制天然杀虫剂，有许多简单而有效的配方。例如，当菜园正深受虫害之苦时，有些植物却安然无恙，采摘了这类植物的枝叶，把它们放到搅拌机里搅拌，然后兑上等量的水做成溶液，溶液喷洒菜园里的菜，非常有效。这是因为那些不受虫害影响的植物体内必然含有某种抗病驱虫的物质。橘皮、辣椒、大蒜、薄荷、万寿菊、鼠尾草、迷迭香、旱金莲等植物都可以用来制作驱虫剂。

【实训1】芹菜盆栽

芹菜，属伞形科植物，多食芹菜对高血压、动脉硬化有很好的预防作用，它原产于地中海和中东地区。芹菜容易获得，也容易种植。

（1）实训前的准备

工具：剪刀或刀，喷雾瓶，小铲。

材料：带根芹菜一株，一个宽口的容器，标签贴，笔，培养土，无洞盆器。

（2）相关知识

芹菜喜冷凉、湿润气候，不耐高温干燥。秋季是适宜芹菜生长的季节。

芹菜的种子小，幼芽顶土力弱，出苗慢，在制作蔬菜盆栽时可以直接使用芹菜的根部来栽种。

（3）实施步骤

①用刀切下芹菜的基部，切面朝上放在容器中，放入没过芹菜基部一半的水，放置在有阳光的地方（散射光即可），隔天换水。

②过一周左右就可以看到芹菜基部底下部分长出了白色的根，新叶也会从中间伸出，可以继续水培或加些栽培介质。

③这时基部外围的茎会变得较为干瘪，但是中间的嫩黄色叶芽会转变为深绿色并稍稍生长得厚实些，就可以将它种到你喜爱的盆器中进行栽培了。

④上盆时将干瘪的茎全都埋在土下，只露出新生的叶芽，然后浇足水。

【实训 2】红薯盆栽

红薯大家都不陌生，煮、烤、熬、晒皆可制做出美食，它的叶子和根茎都可以食用，而且对身体健康非常有益。普通的红薯我们不觉得它好看，也不觉得它有艺术感，但是放在玻璃瓶里或瓦罐里做成盆景，就完全不一样了。红薯可土培也可水培，将红薯盆景放在家中，既是家中的景观亮点，又能摘其叶用于饮食，美食与美景共享。

（1）实训前的准备

工具：剪刀或刀、喷雾瓶、小铲。

材料：红薯一块或多块、一个宽口的容器（如陶盆）、标签贴、笔、培养土、无洞盆器。

（2）相关知识

红薯喜温、喜光，怕冷。在光照充足的情况下，叶色较浓，叶龄较长，茎蔓粗壮，茎的输导组织发达，产量较高。如果光照不足，则叶色发黄，落叶多，叶龄短，茎蔓细长。每天光照时间长对茎叶生长有利，茎蔓变长，分枝数增多。红薯是耐旱作物，但水分过多过少均不利于增产。

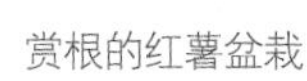

赏根的红薯盆栽

赏叶的红薯盆栽

（3）实施步骤

①我们在挑选的时候要选择没有磕碰，没有腐烂完好的红薯，大小随意。

②把红薯清洗干净，不要把红薯身上的根须洗掉，红薯天然的皮也最好不要损坏，这有利于红薯防腐。可以根据喜好和气温选择水培或土培。

③水培需要大量清水，如果发现水已经少于红薯整体 1/2，就需要及时补充清水。

④土培需要把芽点根茎都埋入土中，找合适的容器，经过适当的修剪和移植，就是不错的盆景了。

【实训 3】生姜盆栽

生姜植株形态与富贵竹相似，盆栽有竹韵，颇具观赏价值。生姜是味中草药，常用于家庭防治感冒，还是家庭必不可少的烹饪调料。盆姜栽培管理粗放，易于栽种。

（1）实训前的准备

工具：刀、喷壶、小铲。

材料：生姜、标签贴、笔、培养土、盆器。

（2）相关知识

选择粗壮、肥圆、无病无损伤、具有 2 ~ 3 个壮芽的姜块。

选盆从美观的角度考虑，选择紫砂盆、陶盆或瓷盆为宜，透气性较好，盆底要带排水孔，口径要在 30 cm 以上。

生姜喜肥，盆土宜用沤制一年以上的腐殖土，再适当掺些草木灰。

由于生姜对土壤湿度要求严格，渍水容易腐烂，缺水又容易干枯，因此还要考虑滤水保湿问题。

家庭盆栽生姜冬季应入室避寒。炎热季节要蔽荫，并喷叶面水，以保持叶色青翠而不焦尖。

生姜蔬菜盆栽

（3）实施步骤

①找一块生姜，可能的话新鲜的嫩姜或是已经有些长芽的更好。可以整块，也可以切成几块，每块上至少要有一两个芽点，泡水几天。

②芽点朝上，种入盆中盖上土，浇足水，放置在有散射光的地方即可。水干了要记得浇水，生姜喜欢温暖湿润的半荫生长环境。

③生姜也可以水培，把生姜块冲水洗净，表面有水也可帮助育苗。选择浅碗、盆等容器，水越浅越好，5 mm 左右就可以了。需要每天换水。

④收获的同时，可以留下几块继续种植。

【蔬菜盆栽要点】

（1）蔬菜处理过程

取得新鲜的蔬菜后，清洁是最重要、最基本的处理环节。大多数蔬菜需要简单切割提取芽点。水培最好每天要冲洗换水，以免蔬菜腐烂。

（2）种植过程

①气味：尽量避免味道强烈或易腐烂的蔬菜，以免影响室内气味。

②黄叶：保持室内温度的稳定性，避免盆栽周围温度忽高忽低。不要突然把长期室内种植的盆栽放到室外种植。注意室内通风，冬季至少 3 天开窗一次，一般在晴天中午开窗，每次通风应不少于 1 小时。

③花器：水培盆器最好选择透明的，一来可以观根，二来可以清楚地观察水质和水位。也可以在器皿中加陶粒和鹅卵石起到装饰作用。

④蚊虫：种子清洁不彻底、土壤含有机肥都有可能会引来蚊虫。把盆栽拿到室外散射光的地方放上几天，等小虫消失后再拿到室内。

【学生习作】

鼓励学生尝试种植各种各样的蔬菜盆栽，根据蔬菜幼苗的形态特点，自己动手改造独具个性的艺术盆栽。

卷心菜蔬菜盆栽

生姜蔬菜盆栽

土豆蔬菜盆栽

二、室内绿植养护

由于缺乏必要的养护管理知识，室内绿色植物生长不良，甚至死亡的现象屡见不鲜。为了避免因养护管理不当造成的损失，更好地发挥室内绿色植物净化空气、美化环境的作用，针对室内观赏植物的生长特点，本部分通过讲解、操作养护多种常见室内绿色植物，使学生能够独立完成养护操作，解决在绿植养护过程中的一些常见问题。

株形杂乱、枯叶

黄叶

烂根

1. 室内生态环境对绿植的影响

1）光照

光照对植物会产生很大影响。植物体重量的增加与光照强度密切相关。植物体内的各种器官和组织能保持发育上的正常比例，也与一定的光照强度直接相联系。

大部分室内植物对光照要求不高，如万年青、吊竹梅等，即使光线很弱也能生长。但并不意味着人们可以忽视室内装饰植物的光照条件。光线过弱会使植物枝条纤细，节间过长，叶片变薄，叶色不正，还容易得病虫害，失去应有的观赏价值。为了使植物生长健壮，通常在室内摆放的植物每隔半个月，就要移到阳台或室外放置5～10天，接受一些阳光或新鲜空气，补充足够的有机能源。

不过，不要使植物生长环境的光照发生急剧变化。因为植物叶的表面有一层透明薄膜，在光线弱时，表面膜会变薄以吸收更多的光线，强化光合作用机能，供给植物能源；在光线强烈时，透明膜会变厚，切断部分光线。如果将长期置于阴暗处的植物突然移到强光下，保护膜不能立即增厚，强烈的光线就会破坏叶绿体，杀伤叶片。晒伤的植物是很难恢复的，即便活下来也会留下很难看的伤痕，所以夏季要给植物遮阴。

反之，如果将长期在光线充足处生长的植物突然移到暗处，由于叶表面保护膜太厚，叶片不能有效吸收光线，将会导致叶片脱落。如果室内光照条件很差，不妨考虑用人工照明来补充光照。此外，由于植物有趋光性，放置在窗边的花草，每星期要转动花盆一次，以免因定向光照引起植物偏冠，影响观赏效果。

光照不足

晒伤

人工光源

2）温度

植物只有在一定的温度范围内才能够生长。温度对生长的影响是综合的，它既可以通过影响光合、呼吸、蒸腾等代谢过程，也可以通过影响有机物的合成和运输等代谢过程来影响植物的生长，还可以直接影响土温、气温，通过影响水肥的吸收和输导来影响植物的生长。

由于参与代谢活动的酶的活性在不同温度下有不同的表现，所以温度对植物生长的影响也具有最低、最适和最高温度三基点。植物只能在最低温度与最高温度范围内生长。最适温度，是指植物生长最快的温度，但这并不是植物生长最健壮的温度。因为在最适温度下，植物体内的有机物消耗过多，植株反倒长得细长柔弱。因此在生产实践上培育健壮植株，常常要求低于最适温度的温度，这个温度称协调的最适温度。

3）水分

水是植物体的重要组成部分。水能维持细胞膨胀，使枝条挺立、叶片开展、花朵丰满，同时植物还依靠叶面水分蒸腾来调节体温。自然条件下，水分通常以雨、雪、冰雹、雾等不同形式出现，其数量的多少和维持时间长短对植物影响非常显著。

室内绿植浇水应坚持“见干见湿、浇则浇透”的原则，切勿零星浇水或浇水过多。室内的空气湿度小，对于一些对湿度要求较高的植物可采取在植物叶片上喷水雾的办法来增加湿度。

室内绿植的水分管理应根据不同的季节、气候、环境条件区别对待。冬季气温低，一般应在上午 10 时至下午 2 时之间浇水，不要在夜晚浇水，否则易受冻害。其他季节，也最好不要在晚上浇水，因为这样容易感染病害。夏季气温高，蒸发量大，一般在早上及傍晚进行浇水，根据盆土的干湿情况而决定浇水的时间，有时需要浇灌两次。夏季多浇，冬季少浇。室内气温高时多浇，气温低时少浇。空气湿度大时，少浇；空气湿度小时，应多浇。

怎么简单分辨植物喜欢湿度的程度呢？一般叶子薄的植物都是喜欢湿度高一点的环境，如网纹草、绿萝、常青藤等植物。而厚叶子如橡皮树、虎皮兰、玉树，则可以生长在空气干燥的环境中，因为它们的非常耐旱。而其他叶子厚、革质、蜡状的植物都比较耐干燥。叶子起皱、叶子稍微变棕色，通常是空气太干；新叶子枯萎、花蕾掉落，也可能是过于干燥。

4）土壤

土壤为植物提供根系的生长环境，为其保温、保湿，同时能够辅助根部对植株的固定作用。土壤是很好的“储藏室”，其中可以储存水分、空气、矿质元素，这些是植物生长所必需的，植物直接从土壤中摄取。

另外，土壤内含有大量其他生物，如微生物和无脊椎动物。微生物能够分解有机质（植物无法直接

浇水过多

浇水过少

吸收有机物）使之变成植物能够直接利用的无机物，为植物的生长提供营养；无脊椎动物如蚯蚓，能够通过其生理作用（运动等）达到翻土的目的，使土壤空隙加大，增大空气的含量，同时蚯蚓粪便能够为植物提供直接营养。

土壤质地可分为砂土、壤土和黏土三大类。砂土类土壤以粗砂和细砂为主，粉砂和黏粒比重小，土壤黏性小、孔隙多，通气透水性强，蓄水和保肥性能差，易干旱。黏土类土壤以粉砂和黏粒为主，质地黏重，结构致密，保水保肥能力强，但孔隙小，通气透水性能差，湿时黏、干时硬。壤土类土壤质地比较均匀，其中砂粒、粉砂和黏粒所占比重大致相等，既不松又不黏，通气透水性能好，并具一定的保水保肥能力，是比较理想的绿植养护土壤。

砂土

壤土

黏土

2. 室内绿植的基础养护

1）修剪

养护管理时应对每株植物仔细检查，对出现黄叶残叶、树形不对称、有陡长枝的要及时修剪。对于叶片枯黄面积超过 1/3 以上的应整片剪除；枯黄面积在 1/3 以下者，应用剪刀顺着叶形将枯黄部分剪除，注意保留叶形，不可一刀切过。

修剪过长的枝条，以免徒长影响开花或结果；减去过密的枝条，使植株通风减少疾病的发生；剪除病、伤、枯、弱枝条交叉枝，保持植株美观。

室内装饰植物由于株形不美观或体量过于庞大，需要修剪；草本植物大多可以随时修剪；其他植物以休眠期或生长刚开始时为好，有时也可结合换盆进行修剪；有些植物的剪口有时还需要特别处理，如大戟科、夹竹桃科植物，修剪时剪口常有白浆流出，可用炭末粉或草木灰擦除。

2）加土扶正

若出现倒伏、歪斜情况会影响装饰效果，因此室内绿植养护要定期检查植物是否直立端正。

上盆、换盆时，应使植物茎干直立端正，盆土未完全填上之前发现植株有歪斜应及早扶正，加土至压实。上盆、换盆过后搬移至室内进行摆放，在搬移和摆放的过程中有时会造成植株歪斜，应该在摆放好后进行检查，及时扶正加土。

室内绿植养护中经常浇水，长期浇水盆土会流失一部分，为防止植物倒伏和促进植物生长，应及时给花盆中加土。

3）清洁

室内绿植叶片或植株表面的灰尘会严重影响其观赏性。叶片的灰尘也容易滋生病菌、虫卵。因此定期给室内绿植清洁是室内绿植养护的措施之一。每半月一次，用湿海绵清洗有光泽的大叶，除去表面的灰尘。如发现有寄生虫，要马上进行处理，可以用肥皂水或酒精清洗叶片，特别是叶片背面。叶片上被毛的植物较容易沾上灰尘，清洗应较其他植物勤些，且清洗要仔细。

仙人掌类植物茎干上有刺且避免向茎干直接浇水，灰尘处理应用毛刷子扫去表面灰尘。对一些观花观果植物其花朵或果实表面的灰尘处理，幅度要小、动作要轻，以免破坏花朵果实。

清理花盆、套盆内的垃圾、杂物、残叶等，清洁花盆、套盆外表泥污，清洁底碟无泥垢、积水等也是清洁养护的一部分。将现场的残叶残花等清理干净，并将积水拖干。

4）其他

除草与松土：要经常给室内绿植松土，以促进植物生长。生长季节（4～10月）每月要松土一次，除杂草一次，松土深度一般在3～5 cm，过深则会伤害根系；非生长季节每月要除杂草1次，要连根拔除。

防治虫害：主要以预防为主，综合防治，同时加强抚育管理，创造良好的生长环境，亦可提高其自身的抗逆能力。

施肥：一般是在上盆或换盆时施基肥，基肥以一些无异味的堆肥和无机肥为主。而在栽植后进行养护管理的施肥时一般是追肥，追肥以水溶性速效肥料为主，结合灌水进行。

防止霜冻：对于耐寒力差的品种必要时集中在增温保湿的场所，在冬季低温期，要严格控制水分，使其处于相对干燥状态。早秋和晚春若有天气骤变等情况，应注意室内门窗的关闭，避免室内绿植突然受到霜害。

修剪

清洁叶面

清理花盆

3. 常见室内绿植养护实例

1）绿萝

绿萝是常绿爬藤类植物，养殖方法很多种，土栽、水培在一个茶杯里放点水插入几个枝条都可以。绿萝属阴性植物，忌阳光直射，喜散射光，较耐阴，喜温暖、潮湿环境，要求土壤疏松、肥沃、排水良好。

在养殖绿萝的时候，如果有条件建议使用营养土，或者透水性好的土。在选择养护环境的时候，通风又散光的地方最佳。主要从土的湿度来判断是否浇水，干一点不怕，但是不要经常积水。施肥可以让植物涨势旺盛，但是绿萝一般都是小盆种植，所以要薄肥多施。

2）发财树

发财树适应性强，喜光又耐阴，全日照、半日照或荫蔽处均生长良好，但长久在阴暗处生长，树的生命状态会受到影响。入夏时应遮阴 50% 为好，以免烈日暴晒使叶尖、叶缘枯焦。在室内养殖观赏宜置放有一定散射光处，如出现徒长现象，应逐渐接受阳光，切忌急速受强光照射，以防不适应枯死。

发财树大多都是商家自带的土，不必买到手后第一时间换土。如果换土，发财树盆栽一般用疏松的菜园土或泥炭土、腐叶土、粗沙，加少量复合肥或鸡屎作基肥、培养土。

一般来说，发财树一个月浇水一次不算少，就是植物缺水也不会很快死去，浇水后很快会恢复，但是如果积水，基本就无法挽救了。发财树平时可以多喷水，少浇水。正常情况，如果土壤够肥沃，不需要施肥，如果养久了，可以考虑给予薄肥，切忌浓肥，可以用一些常见的观叶肥料。

3）富贵竹

富贵竹性喜高温高湿环境，对光照要求不严，喜光也能耐阴，适生于排水良好的砂质壤土中。生长适温为 20 ~ 30 ℃，越冬温度为 10 ℃。

绿萝

发财树

富贵竹

盆栽可用腐叶土、园土和河沙等量混合种植，也可用椰糠和腐叶土另加少量基肥作为培养土。

生长季应经常保持盆土湿润，并经常向叶面喷水，以保持较高的环境湿度。冬季盆土不宜太潮，但时常要向叶面喷水，同时注意做好防寒工作，以免叶片泛黄萎缩以至脱落。

由于富贵竹容易生根成活，目前盛行水栽。其技术要点是要保持花盆或花瓶始终有适量的水，平日应放室内明亮处。气温较低时 7 ~ 10 天换水一次，春、秋生长旺季每 3 ~ 5 天换水一次，水中可加入全元素复合肥。夏日高温期水养最好用凉开水，以免烂根或滋生藻类。冬季停肥。严寒季节北方无供暖设施的室内水养易受冻害，可于 10 月上旬用河沙栽植，寒冷时用塑料袋连盆罩住，放室内冷风吹不到的地方，5 ℃左右可安全越冬。

4）巴西木

巴西木又称巴西铁树、巴西千年木、金边香龙血树。巴西木喜光照充足、高温、高湿的环境，亦耐阴、耐干燥，在明亮的散射光和北方居室较干燥的环境中，生长良好。

盆栽宜用富含腐殖质、排水良好的肥沃土壤，可用腐叶土与河沙配成，市场上的盆栽巴西木多为精沙土，是生产者为让植物充分发根采用的，长期使用会不利于植物生长。要使植物茁壮成长，必须分期换入泥炭土。另外，巴西木每年应换盆一次。

巴西木耐旱不耐涝，生长季节可充分浇水，需要的水分不多，但对湿度要求比较高。盆土应保持湿润，但不能积水。经常向叶面喷水，提高周围环境湿度。北方地区，春、夏、秋季三四天浇水一次。秋末温度下降时开始控制浇水量，冬季保持盆土半干半湿即可。保持良好的通风环境，空气湿度 80% 以上。巴西木畏寒冻，冬天应放室内阳光充足处，温度要维持在 5 ~ 10 ℃。

5）芦荟

芦荟的叶片多肉，抗旱能力较强，对水分的要求不高。如果盆土长期潮湿，很容易导致根系腐烂。平时浇水要根据环境变化灵活掌握，如果空气湿润，要少浇；高温干燥时则要稍多些。室外养护时要注意避免雨天盆内积水。

芦荟喜光，属长日照植物，在阳光充足的环境下生长健康。如长时间不见阳光，会越来越细小瘦弱，叶片出现黑斑。芦荟喜热畏寒，温度低于 10 ℃左右时就会停止生长，冬季如果不采取保暖措施很容易冻伤、冻死。

疏松透气性好的砂质土壤适宜芦荟的生长，如果盆土板结要注意经常松土。芦荟对肥料要求不高，上盆时可以用腐熟的有机肥作基肥。生长期间每个月追施一次饼肥水即可。冬季生长缓慢期停止施肥。

巴西木

芦荟

三、室内绿植水培

1. 植物水培的优势

1）独特的艺术魅力

水培植物具有形态各异、绚丽多姿的叶片，能够四季常青，可以常年观赏而不受季节的限制。在卧室、书房或客厅，放置几盆水培植物，不仅为家庭增色添彩，而且在工作生活之余，欣赏一下亲手栽培的绿色艺术品，就会疲劳顿消，心旷神怡。

凡是能盛水的容器，都可以拿来养水培植物，所以水培植物的造型千变万化，具有独特的艺术魅力。水培植物摆脱了传统养花的种种限制，可以选择各种材质、各种造型的工艺器皿作为花盆。不仅清洁卫生、管理方便，同时大大提高了盆花的观赏效果和艺术价值，实现了植物、容器、环境的和谐统一。

2）养护管理

大多数水培植物比较耐阴，喜好温暖湿润的室内环境，在光照和养分方面的需求低。

水培植物无须浇水，也没有松土、换盆、施肥、灭虫的养护步骤，只要定期更换添加水培专用营养

水培植物独特的艺术魅力

液或清水即可。简单省事，无需烦琐的管理技术，适合快节奏的现代生活，是一种大众化、便捷化的绿色享受。

3）避免室内污染

给土栽植物施肥或换土时，泥土很容易掉在阳台上；给植物浇水时，多余的水也许会顺着阳台流下，弄脏楼下晾晒的衣物。而水培植物不需要泥土，不会有以上的烦恼，还能消除养护过程中在室内滋生的细菌、蚊虫和泥土浊水对室内环境的污染。

同时，视觉效果上更清洁、美观，让居室更洁净高雅。水培植物取消了花盆底孔，再也不会滴漏污水，可以摆放在家中任何地方，如餐桌、床头柜也可摆放。

2. 发展现状

采用无土栽培技术培育出来的水培植物以清洁卫生、格调高雅、观赏性强、环保无污染等优点而得到了国内外花卉消费者的青睐。

但值得注意的是，世界各国生产的水培花卉无论是品种还是品质都不是很理想。这其中最根本的原因在于水培花卉在生长过程中易受到缺氧和养分失衡的影响，导致水培花卉往往会出现烂根、霉变、叶片黄化等生长不良的现象，并且水质随之恶化，进一步影响水培花卉的生长及其观赏价值。因此在水培花卉生长过程中解决好营养液中氧气和养分的均衡供给是最为关键的环节。

3. 常见种类

目前，我国已经培养了 400 多种不同种类的水培植物。一株土栽的植物根部烂掉了，但它的茎叶还在，把这些茎叶插到水里能生根吗？这个要看品种，看科属，看植物的茎有没有再生根的能力。像藤蔓类的植物，如吊竹梅，它的茎有很强的生根能力，把它插到水里就可以生根。吊竹梅属于鸭趾草科吊竹梅花属，这一科属的植物就很容易在水中生根。

天南星科、百合科、景天科也可以，这些科属的植物都比较容易在水中生根。

①天南星科植物：主要有绿巨人、广东万年青系列、丛生春羽、绿宝石、绿萝、花叶万年青、金皇后、银皇后、星点万年青、迷你龟背竹、黑美人、绿地黄、红宝石、琴叶喜林芋、银包芋、合果芋、海芋、红掌、马蹄莲等。

丛生春羽

红掌

②鸭趾草科植物：这类花卉适应性极强，具有天生水栽的本能。几乎所有的鸭趾草科花卉都能够适应水栽条件，如紫叶鸭趾草、吊竹梅、紫背万年青等。

③百合科植物：绝大多数百合科花卉都能够适应水栽的条件，如十二卷、吊兰类、朱蕉类、龙血树、千年木、虎尾兰、龙舌兰、富贵竹、海葱、银边万年青、吉祥草等。但是百合科的酒瓶兰不易水栽。

吊竹梅

虎尾兰

富贵竹

④景天科植物：比较适应水栽的有莲花掌、芙蓉掌、银波锦、宝石花、落地生根等。

⑤其他植物：旱伞草、彩叶草、竹节海棠、牛耳海棠、兜兰、变叶木、银叶菊、仙人笔、蟹爪兰、凤梨、彩云阁、六月雪、爬山虎、常春藤、肾蕨、鸟巢蕨、棕竹、袖珍椰子、叶兰等。

彩叶草

凤梨

常春藤

袖珍椰子

4. 水培植物与器具搭配

根据水培植物材料的品种、形态、规格、花色的具体情况，选择能够与该品种相互映衬、相得益彰的碗、瓶、盆、缸等器具，做到器具花卉与居室环境统一与和谐，以达到较理想的观赏效果。

植物和器具的比例最好是 1∶1 或 1.5∶1。如果植物的茎干比较瘦长而枝叶茂盛，所选的器具一定要“胖”，最好和枝叶张开的最大幅度是一样的。瓶子太小，就会有一种头重脚轻的感觉；瓶子太大，又会抢走植物的视线，喧宾夺主。

器具容量不要太小，要能装一定量的固定基质和水，同时也要给植物的根系留出生长空间。

简单素雅的瓶子是水培植物的首选。花花绿绿的瓶子，会抢走植物原本的自然美。单色的陶瓷器具，如白色、灰色、黑色；透明度高的玻璃器具；还有一些有造型的，如 S 形的、圆盆形的、椭圆形的、圆柱形的，都是很不错的选择。

在选择植物瓶子的时候，要考虑定植杯的大小。规范化生产出来的水培植物，都是带有定植杯的。定植杯的口径分为各种不同型号，从 9 ~ 30 cm 大小不等。

植物和器具的比例（羽裂喜林芋，天南星科）

定植杯

5. 水培植物养护

虽然水培花卉的日常养护是相当简单的，比土培花卉植物更加省心省力，但是由于许多人都是新接触水培花卉这种有趣的种植方式，所以我们就来谈一谈水培植物的养护管理方法。

1）温度

水培植物适宜的生长温度在零上 5 ℃以上、30 ℃以下。也就是说，只要是人觉得比较舒服的温度，植物也会觉得很舒服的，它们就可以正常生长了，即使在冬天，也可以枝繁叶茂，为我们增添勃勃生机。

2）光线

以散射光为主。什么是散射光呢？就是从窗户等地方射进来的自然光，在室内自然散射。一般植物的生长只要有适当的光亮就行，不一定非要晒到太阳。在夏天，还要尽量避免阳光直射。

3）营养液

要想水培植物活得久、长得好，正常开花，营养液是必不可少的。在生长旺盛季节里，换水时加上适量的营养液就行了。在气温低于 10 ℃的冬季和气温高于 33 ℃的夏季，应停止使用营养液，只用清水即可。因为此时植物进入半休眠状态，使用营养液会适得其反。

一般大家使用市场上出售的水培专用营养液就可以了，按说明书来配出合适的浓度，比如稀释 400 倍还是 1 000 倍。配制的时候，要把自来水放置两小时至半天以后，等它的温度接近室温，水中的氯气等挥发干净以后，再按比例加入浓缩营养液，就成了水培植物的营养液了。

4）换水

换水是为了保证水中的供氧量，新鲜的水里含的氧气更多，植物会长得更健康，如果长时间不换水，植物也可以坚持一段时间。

要保证所用水是隔天的自来水或矿泉水，可按比例加入浓缩营养液。

一般情况下，换水的时间间隔是春、秋季 5 ~ 10 天换一次水；夏季 5 天左右换一次水；冬季 10 ~ 15 天换一次水。容器越大，换水的周期越长。只要容器中的水没有异味，没有浑浊不堪，一年下来只加水不换水都是可以的。

确保植物的根露出一半或三分之一裸露在空气中。植物的根不能完全泡在水里面。如果根系全部泡在水里，根系吸收不了氧气，会因缺氧死亡，裸露在空气里面的根系可以补充一下氧气。

5）清洁

每次换水时，用清水冲洗植物的根部及容器，修剪枯枝败叶及烂根。在正常生长情况下，水培植物会定期烂掉一部分根，再生长出新的根来，所以发现烂根情况时，不要惊慌，用消过毒的剪子（用酒精棉消毒）将腐烂的根修剪掉，有的时候可以把一些老根也修剪掉，以促进新根的生长。但是一定注意不要伤到水生根，否则会影响植物的生长。

所谓水生根，就是从水培植物根部长出的白白嫩嫩的根，有的从茎基部直接生长出来，有的从主根上生长出来，负责植物的吸收功能。

6）保湿

冬天空气中的水分很少，特别是北方，室内非常干燥，对植物生长不利，所以日常请用清水喷洒叶面来保持湿度，可每日喷两次清水。

7）清理绿藻

只要使用了透明容器，在光线充足的环境中，瓶子里就会慢慢地长出绿藻。绿藻也是植物，它跟其他高等植物一样需要光合作用。透明容器会提供光线，所以比起不透明的容器，透明的更容易长出绿藻。

绿藻泛滥，会跟植物抢水中的营养物质和溶解氧，要定期清理。绿藻的问题可以通过下面几个方法来解决。

（1）阻断光线法：使用不透明的容器，阻断绿藻生长所需要的光线。如果想使用透明容器，就在它的外面包一层布，这样容器里就不容易长绿藻了。

（2）生物除藻法：在水中养一些吃青苔的鱼或黑壳虾，但是容器要足够大，太小的话，水中的溶解氧不够多，这些小生物很容易就死掉了。

（3）人工除藻法：定期刷洗，每次换水的时候把容器刷洗一下。

（4）药物除藻法：现在市面上有一种阻止绿藻生长的药物，但对植物是否有影响尚未验证。

生物除藻法

【实训1】水培绿萝

众所周知，绿萝是最好养的水培植物，因为绿萝每个节都有气生根，所以它很容易在水中发根。

很多办公室的职员，都会从公司养的绿萝上剪下一根枝条，插在水杯里，就成了一瓶水培绿萝了。其卓越的空气净化功能，常常在新装修房屋室内使用。

绿萝碧绿的色彩和心形的叶片，为房间增添美感的效果，在办公室或家里的窗台或桌上会摆上几盆绿萝，令人赏心悦目。绿萝可以土栽，也可以水培，这里介绍的是水培绿萝的方法。

水培绿萝

（1）实训前的准备

工具：一把剪刀、一个浅口盆。

材料：一盆绿萝、器具、隔夜自来水、定植杯、石子、细砂等。

（2）相关知识

绿萝，天南星科绿萝属，这一科的植物都比较容易在水中生根。

绿萝、常春藤、水竹草、吊竹梅这类植物可以从母株上剪下一根枝条，泡在水中扦插生根。具体方法是：选择有节的部位泡在水里即可。叶子不需要剪掉，长根的时间比较快，只要1～2个星期。

需要提醒的是：很多人以为所有的植物只要剪根枝条插到水里就可以生根，这是不对的。像发财树、滴水观音这类植物，无论是叶子还是枝条，一旦脱离母体，只能丢弃，泡在水中是无法成活的。

家养的绿萝可以长到4～5 m，如果有墙、柱等攀缘物，可以让绿萝向上攀爬，绿萝的叶子就会越长越大；如果让它自然垂吊下来，慢慢往下长，那它的叶子就会越长越小。绿萝和常春藤一样，是很漂亮的藤蔓植物。只要不是阳光过于充足的地方都可以摆放。绿萝耐水湿，所有根系都可以泡在水里。

（3）实施步骤

①选取一盆生长茂盛的绿萝，用干净的剪刀斜向剪取几个枝条，并清洗落在叶片上的浮灰。

②将每个枝条分成几段，注意每一段茎上都要有向外突起的芽，这样才能保证让每一段生根发芽。

③在浅口花盆里装少许自来水，将绿萝均匀摆放到装水的花盆里，检查并保证让绿萝的茎上突起的芽浸入水中。

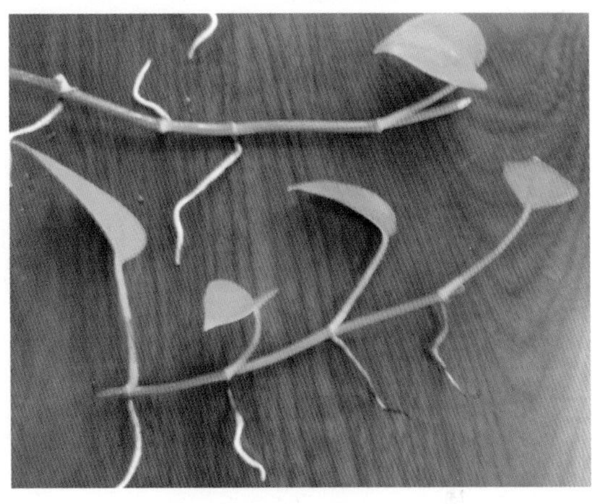

④大约一周时间，绿萝茎上突起的芽就冲破芽的表皮，露出白芽，慢慢伸出一条细长白嫩的须根。

⑤根长出来就意味着一盆新的绿萝培植成功了。当然在水少的时候需要添加适量的水，为绿萝的茁壮的生长提供充足的水分，不要暴晒。

⑥水培成功之后，等待枝叶繁茂的时候，可以进行移栽，你将欣赏到一盆盆美丽的绿萝。

【实训习作】

风信子

吊兰

绿萝

铜钱草

铜钱草

绿萝

各种水培植物

家居空间绿植搭配

任务概述

家居空间绿植搭配，是针对当前四大主流风格的家居空间，进行绿植盆栽的搭配设计和组盆制作。在了解家居空间的风格特点的基础上，选择相应的盆器、植物和介质，以达到和谐优雅的居室环境。

教学目标

通过对本任务的学习，让学生了解四大主流风格的成因；在掌握四大主流风格的家居空间特点的基础上，选择与风格对应的植物和盆器，制作四大主流风格的盆栽作品。通过动手操作，亲身体验，加深对家居风格和植物装饰搭配重要性的认识。

教学难点

四大主流风格的成因和家居风格特点。

一、新古典风

家居空间中的绿意，不仅能增加空间的生机和活力，还能够为家里增添一种情趣。不同功能的房间，放置的植物可以是不一样的。

客厅主要是接待客人及家庭成员活动的场所，应摆放观赏价值高、姿态优美的盆栽花卉或盆景，花色应与家具环境相调和或稍有对比，使人感到朴素、美观、大方。可选用品种为富贵竹、蓬莱松、发财树、兰花、仙客来、柑橘等，这些植物在风水学中为“吉祥之物”，表示吉利如意，聚财发福。

卧室是晚上休息的场所，是温馨的空间，摆放的花卉必须有益于健康。要主次分明，立足少而精的原则。可摆放在夜间能吸收二氧化碳的仙人掌科植物，也可摆放无土栽培的洋兰，如蝴蝶兰、大花蕙兰等。

书房充满书香之气，可选用山竹花、文竹、富贵竹、常青藤等，这些植物可加强人的思维力，有利于学习，也可在书桌上放盆薄荷提神。

餐厅是全家人每天团聚、进餐的重要场所，摆放花卉时要注意色彩的变化与对比，以有助于愉悦心情、增加食欲、活跃气氛为目的。摆放易清洁，以甜蜜为主题的植物，如棕榈类、巴西铁、凤梨类、瓜栗（发财树）或其他色彩缤纷的大中型盆栽花卉和盆景。摆放金橘、佛手等芸香科植物，它的清香可使人们在进餐时更有食欲。

阳台，应按光照强弱选配四季花草品种，如茉莉、菊花、荷兰、海棠。西番莲、文竹兰、石竹、秋海棠、太阳花、米兰、桂花、蟹兰等。各种花摆放时，要将阳性的靠近阳光，阴性的放在其后。

新古典主义的设计风格其实是经过改良的欧式古典主义风格。欧洲文化丰富的艺术底蕴，开放、创新的设计思想及其尊贵的姿容，一直以来颇受众人喜爱。

新古典风格从简单到繁杂、从整体到局部，精雕细琢，镶花刻金都给人一丝不苟的印象。一方面保留了材质、色彩的大致风格，仍然可以让人很强烈地感受传统的历史痕迹与浑厚的文化底蕴，同时又摒弃了过于复杂的肌理和装饰，简化了线条。

相较于 15 世纪文艺复兴时期的欧式古典风格，新古典风格更加注重实用性与功能性，结合了欧式古典风格和现代风格的优点，带有一点点的流行元素却又不失经典，少了夸张的华丽装饰，多了舒适的典雅线条，既有品位又很舒适，无论是添加喜爱的流行元素，还是加入少许古典饰物，都能完美地融合，兼具现代与优雅复古之美。

1. 新古典风格的成因

历史上，欧式古典风格经历了古罗马、古希腊的经典建筑的融合后，逐渐形成了具有山花、雕塑、门损、柱式等主要结构的石质建筑装饰风格。在文艺复兴之后，欧式古典风格中的巴洛克、洛可可风格在欧洲建筑室内设计风格中起到了无法替代的关键作用。起源于 18 世纪的新古典风格，摒弃了巴洛克风格的极度奢化与繁复线条，突出线条与结构上的匀称比例，减少过多的装饰元素，让家具原本的质感和色调真

家居空间绿植搭配

欧式古典风格

实地呈现出来。新古典风格，受到古代希腊、罗马时期的艺术影响，反对巴洛克、洛可可时期艺术的华丽装饰，提倡以精练、实用和合理性为特点。

巴洛克风格

洛可可风格

2. 新古典风格的家居空间特点

1）新古典风格的经典图案

用于各种门框、镜框和墙角的平行线、罗马柱，花草果实和贝壳与涡卷的形状，以及人像人体图案，许多都是以雕刻的形式呈现。

2）新古典风格的主要色调

以米色、金色华丽色系为主，背景大面积使用米色，金色的边框或容器点缀。另外，黑白银色等颜色，配合简化的浮雕构件和图案，可营造时尚奢华感，其间还可加入粉金、粉红、粉蓝色，能添加一份浪漫之感。

3）新古典风格的常用材质

石材或仿石材、实木、铁艺装饰、绸缎和塑料。墙面可以选择一些比较有特色的墙纸装饰房间，局部可使用贵重建材，如大理石、黄金、金箔、黄铜、宝石、象牙等作为建筑原料；地面材料以大理石材、仿古砖、地板或地毯为佳；天花板都会以装饰性石膏工艺装饰。其家具材质多用橡木、胡桃木、黑檀木、

经典图案

主要色调

天鹅绒、锦缎和皮革等，五金件用青铜、黄铜、金、银、锡等，这些都能体现这个时期所提倡的富贵典雅之气。

4）新古典风格的经典饰品

精巧的铁艺品，广泛应用于居家饰品、灯具、门板窗饰和墙台挂饰上；绸缎窗帘、沙发、抱枕等；水晶吊灯、壁炉成为不可缺少的装饰部件等。欧式客厅常常用家具和软装饰来营造整体效果。深色的橡木或枫木家具，色彩鲜艳的布艺沙发，都是欧式客厅里的主角。

3. 新古典风格的植物选择

新古典风格在选择植物上并没有太多的限制，但优先选择叶形美丽和线条优美的植物。常用的植物有波士顿肾蕨、红背竹芋、箭羽竹芋、孔雀竹芋、苹果竹芋、白玉黛粉叶、白鹤芋、彩叶石络、垂叶榕、蝴蝶兰、广东万年青、蝴蝶兰、吊兰、秋海棠、花叶常春藤、风信子、一叶兰、柠檬、金橘、茉莉、芦荟、

经典饰品

美铁芋等。

4. 新古典风格的盆器选择

可以利用家中的欧式古典容器，放入简单的水培植物。古典高脚奖杯，是古典风格最具代表性的盆器，高挑的瓶身也很适合垂吊植物；家具中如果有罗马柱，在柱顶空间可放置具有流线形动感的垂吊植物；较宽口的低矮型盆器，适合栽具有美丽花纹的观叶植物，如孔雀竹芋、吉祥粗肋草等，还有跳跃线条的观叶植物，如吊兰、白纹草等。将现代风格容器搭配少量古典饰物，形成现代时尚与新古典主义的组合。

盆器选择

盆器搭配

【案例解析】

（1）新古典风格客厅

兼具现代时尚与古典优雅之美

家饰：复古书柜、丝绒沙发

色调：黑、棕、灰

植物：巢蕨

盆器：黑色陶器

解析：舒适的丝绒沙发，让忙碌的人们能在偷闲之时，享受生活惬意的小奢侈。书桌上的植栽，可选放射状茂密的丛状植物，延展出动感的弧线，产生律动的效果。

（2）新古典风格客厅

冠军杯花器与藤蔓类植物的使用

家饰：水晶灯罩桌灯、皮革古典沙发、古典抱枕、皮革贵妃椅、黑色大茶几

色调：黑、白、灰

植物：花叶常春藤

盆器：冠军杯花器

解析：好看又好收纳的古典风格冠军杯花器，只需配上垂吊植物就很有味道。黑色复古圆形边几上摆放曲线造型的盆器，并搭配藤蔓类的植物，让这个略为生硬的空间多了一些变化的线条和跳跃的色彩。选择常春藤的藤蔓，要使用一定高度的盆器，才能显现出漂亮的抛物线。选择斑叶植物，须补足光源，才能维持叶片斑驳的色彩。

【实训指导书】

跳脱呆板的平面框架，将人造蕨叶与空气凤梨完美融合，平实却抢眼。

空气凤梨风景画

（1）实训准备

植物：法官头空气凤梨

工具：钉枪、尖嘴钳

材料：木相框、麻绳、铝线、人造蕨

（2）相关知识

空气凤梨是地球上唯一完全生于空气中的植物，不用泥土即可生长茂盛，并能绽放出鲜艳的花朵。它们品种繁多，形态各异，既能赏叶，又可观花，具有装饰效果好、适应性强等优点。由于有着很高的观赏价值，加上相对比较干净和容易照顾，是忙碌的快节奏生活中兼顾绿化居室和环境的首选，近年来有越来越多的养花爱好者种植空气凤梨。其品种很多，植株呈莲座状、筒状、线状或辐射状，叶片有披针形、线形，直立、弯曲或先端卷曲。叶色除绿色外，还有灰白、蓝灰等色，有些品种的叶片在阳光充足的条件下，叶色还会呈美丽的红色。空气凤梨无须种植在土壤里，也不必种植在水中，是一种只要喷水就可以成长的特殊植物，可由叶面的绒毛吸收空气中的水气和氮化合物，不需特别照顾也能够活得很好。空气凤梨耐干旱、强光，其根系很不发达，有些品种甚至没有根，即便有根，也只能起到固定植株的作用，而不能吸收水分和养分。

空气凤梨

（3）实施步骤

①选择尺寸合适的新古典风格相框。

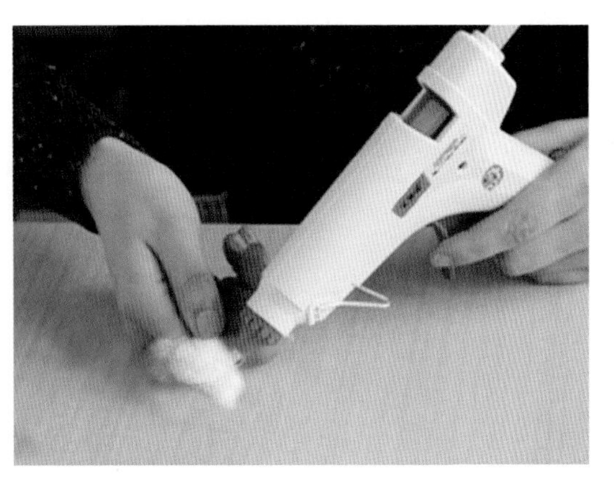

②拆除相框内的装饰画。将热熔胶枪预热后，挤出少量胶液到棉花上。

③将棉花粘到相框背板的相应位置上。

④选择尺寸合适的空气凤梨底座。

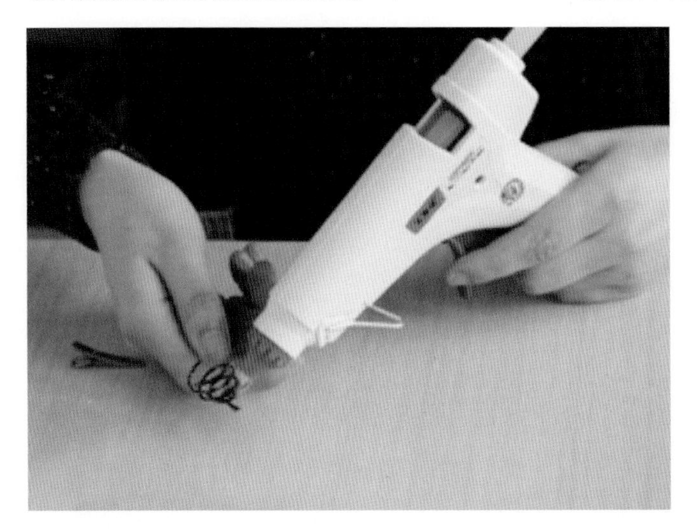

⑤将热熔胶枪再次预热后，挤出少量胶液到空气凤梨底座一端。

⑥将空气凤梨底座粘到相框背板的相应位置上，并将空气凤梨直接放上去。

二、东方禅意风格

东方禅意风格的代表是中式和日式庭院。中国传统庭院受中国传统哲学和绘画艺术的影响，具有代表性的有江南私家园林、岭南园林等，重视诗画情意，创造意境，达到了情景交融的境界。庭院和居室中的自然景物常被赋予人格美、品德美和精神美，追求的是一种清新高雅的格调，注重文化的积淀，讲究气质与韵味，强调点面的精巧。东方禅意风格的迷人之处，在于浓厚且深刻的文化意境上，一石一木都充满了耐人寻味的人生哲学。

家居空间中加入东方禅意风格，让人感觉到平静放松，在静静地观赏摆饰与空间所要表达的意境时，思考人生哲理、未来方向，或是放空思绪。家居环境中大量使用绿植，仿佛让人沐浴在森林之中，使心灵得以洗涤，使身心获得宁静。

1. 东方禅意风格的成因

东方禅意风格，主要是从中国唐朝传入日本后，在当地发扬光大的一种独特风格美学。禅其实是一种行为、一种体验，是因体验而创造出来的一种生活美学，融合东方元素与日本寺庙文化的特殊禅风之美。东方禅意风的美学几乎跟寺庙息息相关，主要是从寺庙生活的行为态度上发展出各式视觉美学，譬如寺庙中清规戒律、使用自产自用的器具等，其中重要的元素就是从观察自然景色中得到禅悟的精神。所以，从室内到庭院，都会尽量将山林景色浓缩其中，以方便观察。因大量绿色植物会被引入室内，通风与良好的采光也是必要条件。奇木怪岩常会被带入室内丰富视觉，当然，禅的元素不只限定在石头与木头，所有与生活起居相关的自然古朴的小物件，都能触发关于禅的生活感悟。

2. 东方禅意风格的家居空间特点

1）东方禅意风格的经典图案

东方禅意风格的经典图案均来自自然，以下三类图案最能表现东方禅意风美学。第一类为圆形，如雨滴的涟漪、波浪似的平行曲线、树木的年轮、彩虹的弧线、翻卷的云海、连绵的树冠等；第二类为弧线，如枝芽的走向、芦苇的抛物线、林海的交错线等；第三类为代表平行线，如安静的海面、落地的枯枝、树皮的纹路、原木切面的木纹等。此外，文化艺术造成的印象式图案也常被使用，如代表东方文化的水墨山水字画、佛经字画、宗教符号与佛像等。

2）东方禅意风格的主要色调

东方禅意风格的主要色调是黑白灰，能让人联想到恬静的寺庙生活，视觉上不会产生过度的跳动，

东方禅意风格

水墨字画

较鲜艳的颜色仅作为局部点缀。自然界的大地色系，如原木的自然色调、泥土的灰阶、青草的翠绿、新芽的黄绿带粉、果实的鲜红等，都是室内东方禅意风的重点色调，不会出现合成的现代色，如粉红、亮紫、荧光绿或金属色。

3）东方禅意风格的常用材质

东方禅意风格崇尚简单、自然，生活素材取自一切生活用品和自然素材，重点在简单不复杂，过多摆设会造成视觉和思绪紊乱。建材上选择原色或朴质处理的材质，如陶砖、原木、竹子、原石等。

4）东方禅意风格的经典饰品

饰品摆设上，东方禅意风格可使用流木、奇石怪岩、东方字画、小型造景植栽、苔玉球等；陈列方式上，采用单点焦点呈现形式，如玄关墙壁坎座的台面焦点、沙发边几的重点线条呈现、壁挂与落地角落的点缀关系，都能让空间处处充满惊喜；生活器具上，茶道与花道也是东方禅意风中很重要的修行元素，如榻榻米材质、棉麻坐垫抱枕等，和茶道文化结合的壶杯组合、花艺作品、花器水盘等。

原木、石材、陶器

茶艺组合

3. 东方禅意风格的植物选择

东方禅意风的植物以姿态优美的种类为优先，多采用观叶植物，如海芋。

东方禅意风格植物用“四君子”搭配再好不过。明代黄凤池辑有《梅竹兰菊四谱》，从此，梅兰竹菊被称为“四君子”。《集雅蔡梅竹兰菊四谱小引》：“文房清供，独取梅、竹、兰、菊四君者无他，则以其幽芳逸致，偏能涤人之秽肠而澄莹其神骨。”四君子并非浪得虚名，确实各有它的特色：梅，剪雪裁冰，一身傲骨；兰，空谷幽香，孤芳自赏；竹，筛风弄月，潇洒一生；菊，凌霜自行，不趋炎势。居室摆放“四君子”，能使整个家居赋予典雅的氛围。

如果采光良好，各式木本杂木类植物都可尝试，经过修剪调整，如盆景般展现自然的沧桑感；在采光不佳的环境中，可配合奇石、流木，搭配耐低光照的苔藓与蕨类，也可轻松将自然引入家中，而观叶植物可选择叶色浓绿、叶面宽广的种类，能较适应室内低光照的环境。若想在某一区域呈现原始景观，可选择广口浅盘或深盘，以便于植物群组造景；若想呈现优美的线条意境，素色单盆植栽搭配曲线优美的植物即可。

以下几种植物可用于东方禅意风格的家居环境中：海芋、观音棕竹、山茶花、蝴蝶兰、松柏、三角枫、绿萝、竹子、兰花、菊花、碗莲、文竹、吊兰、澳洲杉、芭蕉、榕树、竹柏、宝石花、铜钱草、蕨类植物、苔藓。

松柏

竹子

碗莲

菊花

文竹

榕树

宝石花

铜钱草

狼尾蕨

苔藓

4. 东方禅意风格的盆器选择

运用生活中的器具和外出踏青时随手捡拾的自然物，就能创造东方禅意风格的盆栽。例如，将老旧的茶具组合利用起来，在茶壶中可以培育罗汉松、芒果、葱头等种子盆栽，以及生姜、红薯等蔬菜盆栽，在杯子里可以挖块路边的苔藓铺上，摆放于茶几案头或窗台，都韵味十足。可利用树林中的泥土和小木头，用几片青苔包裹成苔玉球，再用浑圆饱满的钵形花器制成苔钵。钵形花器的质感可磨砂面也可亮面，如果是磨砂面，能增添古朴沧桑之感；如果是亮面，则多了一份现代感。苔球、苔钵，再搭配上流木或枯枝，就能让人仿若置身于自在的山林之中。

苔钵

【案例解析】

1）东方禅意风格茶室

在季节更迭中闻香品茗

家饰：原木茶几、棉麻窗帘
色调：黑、绿、金、白
植物：五叶松、青苔
盆器：黑色陶板、黑陶茶具、茶杯
解析：这组茶几绿植装饰灵感来自枯山水。在正方形的陶板上放置松树盆栽，青苔之间点缀白色小石子，这些都是日式庭院枯山水中经常出现的元素。一些金色的小饰品，可以烘托冬天里的新年气息。到了夏天，可以改用水培植物和玻璃饰品，秋天则利用栗子和松果等来增添季节感，试着根据不同的季节更改绿植的装饰方法。

2）东方禅意风格玄关

用青苔球装饰的室内一角

家饰：玄关、时钟、金色底盘
色调：金、绿
植物：黑松、红紫檀
盆器：金色花器
解析：在带有底座的金色花器里，铺上一层白色小石子，放进两个青苔球。摆放在玄关鞋柜上方或屋内一角，都能展现出不同的乐趣。将看似简单的青苔球配上小饰物与特殊花器巧妙搭配，使其成为家具的一部分。

【实训】

创意灵感来源于结合中国禅意风格的室内环境，火龙果长成后与耐旱的仙人掌相似，具有易培养、易存活且美观的特点。生姜的块茎本就具有自然美感，配上传统的莲花陶土盆器符合禅意风格的宁静优雅。

“姜生龙竹”盆栽　魏艳 李衣衣 陈颖 杨顶　作品

（1）实训准备

植物：生姜、火龙果幼苗
工具：剪刀、铲子、喷壶
材料：植物种子及茎、发芽后的种苗、苔藓、小石子、陶土盆器

（2）相关知识准备

火龙果苗：易培养，两三天浇一次水，无须修剪且耐寒，嫩绿的叶子非常萌。

生姜：块茎，绿色叶，耐寒耐旱，易栽培。

（3）实施步骤

①在无孔的陶盆中铺入一层薄薄的小石砾，作为排水层，防止盆底积水造成烂根。

② 倒入培养土，中间挖空。

③将提前培育好的火龙果幼苗连同土壤一道，完整地放入铺好的培养土中。

④在周围空隙处，再铺上一圈白色的小石子，视觉上更清爽有层次。火龙果盆栽完成。

⑤重复①、②步骤制作第二个生姜盆栽。将培育好的生姜，从原来的培育盒中取出，连同土壤一道放入另一个无孔的陶盆。

⑥土壤表面铺上苔藓，用喷壶喷湿苔藓表现，完成生姜盆栽。

三、现代风格

现代主义也称功能主义，是工业社会的产物，其最早的代表是建于德国魏玛的包豪斯学校。1919 年，包豪斯学派成立，现代风格即起源于此。现代风格追求时尚与潮流，注重居室空间的布局与使用功能的完美结合，具有简洁造型、无过多的装饰、推崇科学合理的构造工艺、重视发挥材料性能的特点，并讲究材料自身的质地以及色彩的配置效果。现代风格的运用可以是各种科技元素与现代艺术的装置结合，呈现华丽的未来视觉感受；也可以利用舒适的人造材料，通过精确的功能计算，做出极简的舒适空间。在现代风格中，空间没有多余的线条，讲求精准的视觉设计，无论房间多大，一定要显得宽敞，不需要烦琐的装潢和过多的家具，在装饰与布置中最大限度地体现空间与家具的整体协调，而造型方面多采用几何结构。

现代风格

1. 现代风格的成因

现代主义源于 20 世纪初期的西方，是由 20 世纪 80 年代中期对复古风潮的叛逆和极简美学的追求上发展起来的，90 年代初期开始融入室内设计领域。现代风格的特色是将设计的元素、色彩、照明、原材料简化到最少的程度，但对色彩、材料的质感要求很高。因此，简约的空间设计通常非常含蓄，往往能达到以少胜多、以简胜繁的效果，以简洁的表现形式来满足人们对空间环境感性的、本能的和理性的需求。现代人在日趋繁忙的生活中，渴望得到一种能彻底放松，以简洁和纯净来调节精神世界的空间，这是人们在互补意识支配下，所产生的想要摆脱烦琐、复杂、追求简单和自然的心理。

从崇尚未来感流线型设计和公寓型方正设计的 20 世纪，到资讯发达的今天，现代风格更多的是采用将许多元素重新打散再组合的方式，个性居家也变成当代的流行。现代风格文化主要受到都会空间的影响，尤其是公寓林立的都会丛林，几乎没有多余空间来制作华丽装饰，于是，取而代之的是干净的摆设与家具。其中，最让人耳熟能详的经典就是极简风。视觉方面，极简主义主张并采用简单平凡的四边形或立方体，以消隐具体形象传达意识的可能性，且使用重复或均等分布的手法，在物料方面减少加工，维持原始质感。简单、干净的空间整理起来特别轻松，极简也渐渐被当作现代风格的经典象征。

现代风格绿植

现代风格

现代风格

现代风格

2. 现代风格的家居空间特点

1）现代风格的经典图案

现代风格的经典图案：第一种是经典卡通图案，最经典且流行的莫过于大人小孩都喜爱的卡通明星。造型独特的个性动物创意插画，营造了温馨和童真的氛围，干净纯洁，充满想象力。第二种是风云经典人物，名人、偶像的肖像都是当代流行的趋势。第三种是各种抽象艺术和几何图案。现代风格图案还有一些黑白静物或人物照片和英文字母的组合。

经典卡通图案

风云经典人物

几何图形

黑白照片

2）现代风格的主要色调

以下三种色调是现代风格的典型代表。第一种为黑白色系。现代风格是摩登时尚的象征，黑白这两种颜色可以有比例上的差异，譬如以白色为主色调，可呈现纯白的轻松无压力空间；若以黑色为主色调，可呈现神秘高贵的气质。第二种是轻快色系。空间的整体颜色轻快明朗，天花板是白色，墙面是灰色调，家具是同一色系的木色配白色，点睛之处是亮色的抱枕或其他配饰，再搭配一些绿色植物为衬托。第三种为硬朗色系。整个居室用木质的材料彰显出一种硬朗的气质，窗帘也可以是更深一个色调的咖色，显得稳重又宁静。

黑白色系

轻快色系

硬朗色系

3）现代风格的常用材质

现代风格讲究利落的线条与科技感，常用冷调光滑的材质，易整理也能从视觉上让人感到整齐不凌乱。把握材料的质感与性能，注重环保与材质之间的和谐与互补，新技术和新材料的合理应用。例如，黑白玻璃可用于壁面或门板，烤漆玻璃也是在现代风格里面极富表现力的装饰玻璃品种。其他常用材质还有金属、塑料、皮革、绒布等。

3. 现代风格的植物选择

为配合极简的现代造型，首先要分析空间拥有的条件与呈现需求。就视觉来看，简单利落的线条，适合精致小巧的公寓空间，可选择线条干净的多肉植物，它们枝叶圆润，叶片不零碎；再者，可选择叶片线条干净或丛状不凌乱，呈优雅抛物线或放射状散开的观叶植物，如巢蕨、吊兰、虎尾兰等。这些植物可密植于现代造型花器，以重复陈列手法，营造重影效果。最简单的方式是选择同种类植物，密植或单棵大面积作聚焦效果即可。如果室内较多圆形图案，就选择叶形或树形偏圆的植物；如果几何或多角度形状的家具比较多，就配合长条植物。

以下几种植物适合于现代风格的家居空间：幸福树、虎尾兰、散尾葵、绿萝、蝴蝶兰、吊兰、柠檬、金橘、茉莉、芦荟、白鹤芋、天堂鸟等。

幸福树

绿萝

吊兰

玻璃花器

白色陶瓷花器

4. 现代风格的盆器选择

现代风格常常呈现出植物的优雅、简约之美，因而盆器的选择也一定要简单、精致，过多装饰会造成琐碎与多余。纯白色器皿、透明玻璃最佳，也可选择具有时尚图案元素的盆器或者流线型的陶瓷花器。玻璃花器，搭配绿植水培清新、别致，也可用于插花水培植物，可避免频繁浇水，适合现代家居。白色陶瓷花瓶，白色代表纯洁，象征着圣洁优雅，清纯素雅，蕴意着出淤泥而不染的高洁。

【案例解析】

（1）现代风格客厅

午后阳光的慵懒时分

家饰：布艺沙发、折叠落地灯

色调：白色、米色

植物：散尾葵

盆器：陶瓷花盆

解析：由于散尾葵秀美的株形和耐阴的特征，散尾葵多用作庭院栽种，常种植于客厅、餐厅、书房、阳台等地方，以供观赏。散尾葵具有蒸发水气的功能，如果在家居种植一棵散尾葵，能够将室内的湿度保持在 40% ~ 60%，特别是冬季，室内湿度较低时，能有效提高室内湿度，是家中天然的加湿器。午后的阳光令人散漫慵懒，绿色的散尾葵搭配在白色的空间中，给沉闷的空气添加了活力与色彩，令人赏心悦目，瞬间冲散了慵懒气息。

（2）现代风格卫生间

整洁雅致的空间

家饰：白色水池柜、金边镜子、大理石墙面

色调：白、灰

植物：蝴蝶兰

盆器：白色光滑陶瓷

解析：在较宽的洗水台的柜面上，摆放现代风格盆器，可以增加视觉层次与深度，也能让白色区块加宽，并加强沉稳感。长串的白色蝴蝶兰与白色的洁具和梳妆柜相得益彰，舒适的色泽点亮灰色的空间，亮眼的白色巧妙地成为空间焦点。

【实训】

这款植物微景观盆栽，创意源自日本著名动画电影《龙猫》；整体造型清新美观，给人以回归森林、回归童真的感觉。能净化空气和吸附悬浮颗粒，放在室内有利于身体健康，养护管理也相对比较简单。这款盆栽很适合放在书桌、窗边或者客厅的茶几上，文艺、清新又有创意。

（1）实训准备

植物：网纹草、红网纹草、金丝雀、苔藓

工具：小喷壶、镊子、塑料铲子

材料：玻璃器皿、轻石、水苔、培植土、玩偶摆件、小石子

（2）相关知识

①网纹草

形态特征：植株低矮，呈匍匐状，匍匐茎节易生根。

生长习性：喜高温多湿和半阴环境，属高温性植物，对温度特别敏感，生长适温为 18 ~ 24 ℃。

观赏价值：由于精巧玲珑，叶脉清晰，叶色淡雅，纹理匀称，深受人们喜爱，是目前在欧美十分流行的盆栽小品种。在欧美国家人们的窗台、阳台和居室中十分常见，说明网纹草有着特殊的魅力。

其他用途：网纹草是组合盆栽和植物微景观的主要辅助用材之一，用几株颜色或形态各异的灌木种植于盆中，配以网纹草、常春藤、吊兰等低矮植物组成一幅生动的立体画。

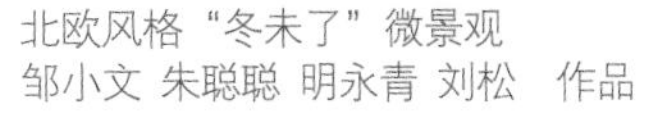

北欧风格“冬未了”微景观
邹小文 朱聪聪 明永青 刘松 作品

材料与工具

②金丝雀蕨

形态特征：多年生草本，慢生类。叶色嫩绿偏黄，形态婀娜多姿，给人清新舒畅、赏心悦目的感觉。

生长习性：喜温暖湿润、半阴的生长环境，忌强光直晒，生长适温 18 ~ 28 ℃，忌高温，夏季不得高于 35 ℃，冬季不得低于 10 ℃。所有的蕨类植物都喜高湿的环境，须定期向叶面喷雾，增加空气湿度。大多数原产于有阳光透入的热带丛林，但它们并不喜欢阴暗的室内环境，温和的光线将有益于蕨类生长，居室内以东向或北向窗台为较佳的栽培地点。

观赏价值：该植物茎叶秀丽多姿，株型小巧，形态优美，极适合作为小型盆栽置于茶几、案头或者点缀其他盆景。

③苔藓

形态特征：一种小型的高等植物，结构简单，仅包含茎和叶两部分，叶可以进行光合作用，也是吸收水分与养分的器官。假根只用于固定在土壤或岩石上。无花，无种子，利用孢子繁殖。

生长习性：苔藓不适宜在阴暗处生长，它需要一定的散射光线或半阴环境才能生长得好，最主要的是喜欢潮湿环境，特别不耐干旱及干燥。

户外采集：采集苔藓最好选择在雨后的一两天内进行，选择的苔藓应该是生长状况良好，颜色新鲜统一，形块完整的。可使用小铲子连土整块采集苔藓，将苔藓放置在保鲜盒或玻璃瓶内。

（3）实施步骤

①放入轻石，铺满玻璃器皿的底部。轻石起到隔水作用，防止因浇水过多而造成积水。

②平铺一层水苔在轻石上面，然后放入培植土，遵循前低后高，把握好整体的空间感。

③用喷壶浇透培植土，控制好水量，不能比轻石层还要高，喷完可以用镊子检查一下，依需要铺入适量苔藓。

④用镊子夹住植物根部，将植物慢慢地插入土壤中，另一只手扶着玻璃器皿或者植物的顶部慢慢拿出镊子，最后用镊子将旁边的土壤填压好。

⑤依次放入红网纹草、金丝雀蕨、绿网纹草等植物，注意放入适量的背景植物，把握好整体空间比例。

⑥最后放入适量小摆件和小石子，擦干净玻璃容器，用喷壶喷一些水就好了。

【学生习作】

Bicycle

四、北欧风格

北欧风格，一般是指 20 世纪 50 年代时从丹麦、挪威、瑞典和芬兰兴起的设计风格，它抛却了传统欧式风格奢华、繁复的特点，设计主旨变为简单实用。其主要特征是极简主义，以及对功能性的强调（主要指室内设计以及工业产品设计）。这种风格的基础是由几位现代建筑设计大师在 20 世纪二三十年代奠定的，他们奉行的理念是简洁，所谓 less is more（少即是多），线条简单直接，色彩不那么缤纷。

北欧地区由于地处北极圈附近，气候非常寒冷，有些地方还会出现长达半年之久的“极夜”。因此，北欧人在家居色彩的选择上，经常会使用大面积的白色。

北欧的地形特殊，资源物产不丰富，但北欧人还是能善加利用身边周遭的材料美化自己的生活环境，让自己拥有一个舒适的居家环境。北欧文化里，人们对事物无比珍视。不仅对家居如此，对小摆件等生活杂货样样如此。“尽量长时间地使用”是北欧人的生活信条。简洁、实用、环保的理念渗透在北欧人生活的方方面面。木家具为主的设计，本身就倡导了人与自然的和谐共生，让人们在自然中得到安乐与满足，从大自然获得灵感而产生的设计随处可见。

北欧风格

北欧风格

北欧风格

1. 北欧风格的成因

北欧风格是随着欧洲现代主义运动发展起来的，属于功能主义的范畴。但是与欧洲其他国家的现代主义设计艺术相比，北欧风格融合了自己的文化特征，并结合了自己的自然环境和设计资源，形成了自己具有人情味的设计艺术语言。北欧风格反映在设计作品是一种适度呈现的抑制，只吸引必要程度的目光，节制范围内所练就的美感更易显优雅与简洁的特质。另外，北欧社会人们贫富差距不大，大部分是中产阶级，社会的福利制度相当完善，所以他们的生活方式就体现出平和富足的状态以及大众化的审美倾向。这些因素表现为：综合批量生产、经济法则、人性因素、形式美等各种条件，推进合理设计，致力于发展大众化、人格化、情感化的产品。

古代，北欧风格是以哥特式风格为主。现代，北欧风格基本分为两种：一种是充满现代造型线条的现代风格；另一种则是崇尚自然、质朴的自然风格。

2. 北欧风格的家居空间特点

1）北欧风格的设计特点

无论是室内设计还是家具设计方面，墙面、地面完全不用纹样和图案装饰，只用线条、色块来区分。家具产品虽然形式多样，但共同点是简洁、直接、功能化且贴近自然。

2）北欧风格的主要色调

在 20 世纪初，北欧人也开始尝试使用白色等浅色调来装饰房间，这些浅色调往往要和木色相搭配，如刷白橡木色、浅灰、浅棕，直接与当地盛产的原木结合，创造出舒适的居住氛围。在这种自然纯净的基调里，加入鲜艳的纯色作为点缀，就会出现变幻莫测的视觉效果。

3）北欧风格的常用材质

北欧风格的材质特点体现为就地取材和原始质感。北欧室内装饰风格常用的装饰材料主要有原木、玻璃、金属、棉麻、毛料和石材等，都无一例外地保留这些材质的原始质感。

4）北欧风格的经典饰品

北欧地区森林资源丰富，一切与森林相关的装饰元素都是北欧风格的代表，如麋鹿角、鹿角等动物元素，树木和松果，美丽的星空、森林小木屋以及雪花形状的几何图案。

经典饰品

3. 北欧风格的植物选择

北欧风格的家里一定要放绿植或鲜花，客厅、厨房、卧室、卫生间任何有光线的地方都可以放，但基本原则是一定要节制，点到为止。在气候严寒的北欧地区，植物生长缓慢，以简单的观叶植物为主，如琴叶榕、虎尾兰、无花果、散尾葵、龟背竹、橡皮树、橄榄树、绿萝、仙人掌、蕨类植物和多肉植物等。要想让植物开花一般需要用小温室来栽培。花卉可选择风信子、郁金香、仙客来、球根海棠等球根花卉，还有矮牵牛、薰衣草等。

琴叶榕

4. 北欧风格的盆器选择

北欧风格中常常呈现出植物朴实的美好，表现出人与自然的和谐关系。盆器也一定要简单精致，纯白色器皿、透明玻璃最佳，也可选择具有北欧风格图案的生活器皿和自然材质的花器来作为套盆，如红陶花盆、编制筐、牛皮纸袋、水泥花盆等。也可利用家居生活中的烛台、吊灯、玻璃花房等元素，制作创意组合盆栽。

无花果

散尾葵

橡皮树

龟背竹

尤加利树

橄榄树

多肉植物

仙人掌科

盆器搭配

【案例解析】

（1）北欧风格客厅

舒适实用的紧凑型公寓

家饰：浅灰色棉布沙发、深蓝色吊灯、IKEA 白色储物桌、白色小圆桌

色调：白、浅灰、原木色、深蓝

植物：常春藤、变叶木

盆器：卡德玛莫装饰用花盆（陶器）

解析：一张舒适的沙发搭配一个贵妃椅，十分适合放在小生活空间的角落。沙发一侧的整面墙上都安装了搁板，可以摆放植物、家庭照片、书籍和其他饰品。常春藤的藤蔓利用高低错落的搁板显示出美丽的抛物线，搭配变叶木五彩斑斓的颜色，达到了丰富的视觉效果。北欧客厅，植物选择上比较宽松，盆器多为白色等浅色系，若要呈现自然感的北欧风，则以造型多变、素色为主的盆器；若要时尚一些，则大胆地将红、黑、绿、黄等鲜艳的色彩直接放入，让客厅空间活泼且具有趣味。

（2）北欧风格餐厅

在清新时尚的环境中享受早餐时光

家饰：利萨伯桌子、顺宁椅子、乌尔班书桌椅、利萨伯茶几、IKEA 吊灯、LOHALS 鲁哈斯平织地毯

色调：白、原木色、天蓝

植物：芦荟、圆叶虎尾兰

盆器：波帕亚装饰用白色花盆（陶器）

解析：芦荟、圆叶虎尾兰形态相似，但叶面质感纹理、高度又不尽相同，组合摆放符合统一变化的艺术原则。盆器的色彩，应在吊灯、餐桌、餐柜三者中，任选其一进行搭配。北欧餐厅吊灯的形式多样，盆器的造型亦可不拘一格。餐厅窗台的台灯，一是为了渲染餐厅氛围，二是可作为植物灯以补足植物所需的光照。

（3）北欧风格卧室

黑白灰的北欧现代风格

家饰：床、白色床头搁板、黑色壁灯、相框

色调：白、黑、灰

植物：虎皮兰

盆器：瓷质、玻璃

解析：轻盈的白色调，搭配经典灰色碎花壁纸，除了白瓷和玻璃的植物盆器，床头的其他配件也成为了重要的装饰元素。虎尾兰养护方便，可以清除空气中的有害物质，吸收甲醛的能力超强。会在夜间释放氧气，充足的氧气会提高人的睡眠质量。

【实训】

鹿角海棠和白鸟仙人球掌都是惹人喜爱的小型植物，可爱的外形搭配上小兔点心盒，动人的北欧童话尽在不言中。

（1）实训前准备

植物：鹿角海棠、白鸟仙人球掌

工具：铲子、喷壶

材料：小石子、营养土、小铁盒

童趣森林盆栽
胡雪薇 何佳敏 陈姗　作品

（2）相关知识

鹿角海棠：又名熏波菊，番杏科植被，属多肉植物，多年生矮灌木，原生地位于南非西南部地区，喜温暖干燥和阳光充足环境，怕寒，耐干旱，怕高温，要求肥沃、疏松的沙壤土地。冬季温度不低于15 ℃。其叶形叶色较美，观赏价值很高。

银手指：仙人掌科，乳突球属下的一个植物种，呈球状。球体表面有刺座，其上有辐射状的小刺。刺小，白色，细而软。喜阳，不要怕晒坏，土表干透后，阴处浇水。长江流域冬天放入室内，室温不低于5度。用土为砂质土壤。花期一般在清晨或傍晚，持续时间几小时到一天。

（3）实施步骤

①准备好图中所需要的铲子、装饰盒、营养土、小石子。

②用铲子将营养土装到装饰盒里并铺平。

③将银手指小心地移植到装饰盒里。

④将鹿角海棠也小心地移植到装饰盒里。

⑤最后将小石子铺满整个营养土的表面，给植物喷水，完成盆栽制作。

【学生习作】

任务5

公共空间绿植装饰

任务概述

公共空间绿植装饰，主要包括办公空间、商业购物空间、酒店餐饮空间等的绿植装饰。掌握办公空间、商业购物空间、酒店餐饮空间绿植装饰的方法，了解绿植租摆的基本流程：方案设计、报价预算、备货布置、养护服务。

教学目标

通过对本任务的学习，了解办公空间、商业购物空间、酒店餐饮空间的定义和分类，能够根据以上公共空间的特点和绿植的性质来进行适合的绿植配置，对公共空间的绿植装饰租摆服务流程有一定了解和认识，能够解决公共空间与绿植搭配中的常见问题。

教学难点

1. 公共空间的植物选择和配置要素。
2. 公共空间绿植装饰租摆服务流程。

一、办公空间绿植装饰

城市的公共空间在人们日常活动的范围中占有很大的比重，而城市的景观设计又对城市公共空间带给人们的印象起了很重要的辅助作用。其中，城市绿植景观在城市景观中又占据着重要地位。不一样的绿植景观所带来的视觉效果和文化内涵都是不一样的，它们反映着一个城市的景观形象。所以，现代绿植景观应该与环境相协调。

绿植景观属于“软”景观，它是依靠植物为素材来创造充满意境的公共空间景观环境的。绿植要素在公共空间景观中的效用除了在视觉和审美上增加观赏性外，还因为其本身具备的生态属性，如吸收二氧化碳并释放氧气，滞尘杀菌和减弱噪声起到阻隔划分空间等多种生态功能，可以非常有效地提升城市的公共空间环境质量。

绿植是构建城市公共空间的重要元素，其中绿植的颜色、造型、配置方式都直接影响着城市公共空间的整体效果。它们作为主背景元素影响甚大，我们在进行公共空间绿植配置时要尽量考虑到让绿植发挥最大的效用。

随着社会的不断发展，人们越来越重视生活品质，对环境的要求日益趋向于生态性。人们对办公空间的环境景观品质也有了越来越高的要求。一个舒适的办公空间景观不仅可以满足办公人员的精神需求，更重要的是起到陶冶情操的作用。城市的办公区域往往会位于城市的中心地段，拥有城市的标志性建筑，它在某种程度上也体现着城市整体的精神面貌与文化特色。

那么如何去增添办公空间的“绿色化”呢？首先我们应该先从整体空间布局和各个办公空间的不同环境特点来入手。现代办公空间，特别是处在城市中心地段的办公空间可谓是寸金寸土，再加上日常的养护费用，很少有公司会在办公空间里布置大型的自然植物景观。根据办公空间中人数多、空间少、通风差的特性，在进行绿植装饰设计时，应将植物的功能性置于首位，能够吸收有害气体和吸收辐射的植物为首选。再根据办公空间特点尽量实施立体绿化的方式来打造绿植装饰，起到节约空间的功效。

在办公空间配置绿植不但可以为冰冷的办公环境增添亲和力，实现办公空间中人与自然的和谐统一，也通过植物吸收有害物质的方式让办公环境更加健康，员工工作氛围也更加舒适。在办公空间合理配置绿植装饰是现代办公空间的未来发展趋势。

现代办公空间的发展趋势

1. 办公空间的定义和分类

一般来说，办公空间指的就是办公场所及其相关的附属空间。办公空间通常是依照功能来进行区域划分的，具有特定的组成目的、人员结构、空间格局、设备组成，并且各具特定的生态因子。我们在考虑给不同的办公区域选择绿植搭配的时候，需要根据办公空间的不同属性来综合考虑最优配置。

通常情况，一个标准的办公空间都会包含几个基本的组成部分，包括接待区、事务区、会议区和休息区，以及一些附带区域，比如储藏和盥洗空间，还有走廊、消防通道、楼梯电梯等交通联系空间。

2. 办公空间的特点

1 ）办公空间的生态特点

办公空间中的生态因子主要包括办公环境的光照、温度、湿度、空气等。我们在给办公空间配置绿植的时候要充分考虑到不同的办公空间的差异从而选择最适合的绿植搭配。

接待区的生态特点：办公空间的接待区一般都设置在入口处，由于离外界自然环境比较近，其生态环境会在一定程度上受自然环境的影响。接待区的光线较为充沛，阳光也能照进来，温湿合宜，受到外界影响时也会有小幅度的波动。

事务区的生态特点：事务区作为工作人员办公的场所，可以说是办公空间的核心地带，人员流动量相对来说比较大。事务区不像接待区与外界环境相连接，事务区一般会设置为半开放的模式，它与接待区相连的部分也会受外界环境影响，而事务区的工作性质决定了它的环境需要保持稳定，因此会受到一定措施的调节，比如，空调、暖气、加湿器、室内灯光的使用，都会使事务区的光照、温度、湿度等生态环境具有明显的人工调控的痕迹。

会议区和休息区的生态特点：相较于前面提到的接待区和事务区，会议区、行政管理区和休息区的生态环境中所体现出的人工调节的痕迹是最为明显的。温度和湿度适中并且是恒温状态，人工照明相对运用最多，人口流动量有时会很密集，会议区安静的氛围也导致了空气流通性比较差。

2 ）办公空间的空间特点

办公空间通常情况下封闭性和私密性会比较好。长期在办公空间工作会对人的视觉以及心理情绪造成很大的负面影响，容易引起情绪低落从而影响工作效率，配置绿植调节空间环境，对人的视力也有积极影响。

3 ）办公空间的氛围特点

办公空间存在的主要目的是提高办公效率，作为一个正式的工作场所，其基本基调肯定是要规范严肃、积极向上。办公空间中搭配的绿植就要考虑到与具体不同区域的氛围相匹配。如果是在接待区，就比较适合运用暖色调的明亮花卉，可以带给人积极活泼和欢迎光临的意味。

3. 办公空间绿植的作用

绿植景观作为公共空间中必不可少的一部分，在办公空间里自然也至关重要。办公空间中的绿植主要有以下四个方面的作用：

①增加空间整体景观效果的作用。在办公空间中适当放置一些绿植，可以有效增加整体的美观度，提升办公空间的景观效果，而且绿色植物能够起到很好的调节氛围的效果，能够使办公空间更加轻松愉快，

工作人员办事效率也能有效提高，可以缓和办公环境带来的压抑感，提升办公空间的整体形象。

②改善办公环境，提高生态功能的作用。绿植本身具有的吸收二氧化碳排放氧气的功能，在改善办公生态环境方面具有非常明显的作用。不同的绿植还具备不同的生态功效，例如，斑叶秋海棠对香烟烟雾耐受度比较高，在一定程度上能够起到吸收香烟烟雾的作用；万年青、虎尾兰、龟背竹可以很好地吸收甲醛，减少环境中甲醛的浓度；凤梨、君子兰、万年青、龟背竹对金黄色葡萄球菌、放线菌、黑曲霉、木霉具有显著的抑制作用。观赏类植物对室内噪声的声压级、房间混响时间有一定的降噪作用。

③有效分隔空间构造的作用。根据不同办公空间的需要，有效分隔空间，对具体区域进行划分，在一些需要隔离、遮蔽、隔音的地方放置绿植，这样既满足了功能上的需求，也增添了美观度。通常情况下，分隔空间会选择一些喜阴又具备一定体量的植物，龟背竹和螺纹铁这一类绿植就比较合适。

④提高办公空间文化内涵的作用。合适的绿植选择从侧面体现了单位和企业的文化，展示了单位和企业的精神，在无形中塑造了良好的整体形象，增加了其对外的吸引力和竞争力。

增加景观效果

塑造企业良好形象

4. 办公空间绿植的配置

1）根据空间大小来进行选择

在办公空间较大的地方，应尽量放置体量较大的绿植进行匹配，已消除空间上的空旷感。散尾葵或者国王椰子是不错的选择。

在办公空间较适中的地方，比较适合配置体量中等的植物，像是发财树和绿萝等就大小适中，而且可以给办公室带来勃勃生机的感觉。

在办公空间较狭小的地方，在不影响正常办公，不阻碍行走路线的原则下，放置吊兰等一类小型植物，可以给空间带来不一样的点缀效果。

2）根据生态条件来进行选择

办公空间的生态条件主要包括光照、温度、湿度和通风条件等要素。光照时间的长短会直接地影响到植物的开花。所以在办公空间的绿植选择上，对于非常需要光照的植物应该尽量想办法保证它的光照，或者避免选择此类植物。在光照得不到保证的办公空间前提下，阴性植物和中性植物是最适合办公环境条件下生长的植物。它们对光照要求相对来说办公空间比较好达到。例如文竹和紫茉莉就是其中利于放置办公空间的植物。

通常，办公空间的温度比较适宜且恒定，是可以能满足大多数植物的生长需求的，所以选择范围很广，但对于一部分对温度要求较严苛的花卉可能还是要尽量避免选择。

3）根据季节变换来进行选择

春天是赏花的季节，所以植物选择可以以观花植物为主；夏天天热，可选择文竹或冷水花等素净、充满凉意的植物，能给人带来凉爽感；秋天适合金黄的植物，更适合赏菊，所以秋菊和金桔等观果植物是很好的选择；冬天的话就比较适合配置一品红和梅花等植物会比较符合季节，也比较应景。

4）根据色彩和气味进行选择

植物的色彩具有其自身特点，通过综合运用色彩、色调的协调统一来达到整体的色彩美，以实现较好的视觉效果，办公环境中植物色彩以二三种为好；有清新淡雅香味的花卉是不错的选择，但气味过于浓烈的植物显然不适合放置在办公空间中。

5. 办公空间绿植装饰案例

1）前台

前台是企业或组织的名片，所以摆放的植物要求具有一定的档次。植物可以选择在前台台面位置摆放一盆富贵竹塔，寓意步步高升，富贵竹塔是商店开业或乔迁新禧的抢手花；或者选择摆放一盆红掌、粉掌或果子蔓，这几类植物都是时令花卉，株高 30 ~ 50 cm，摆在公司前台面会比较醒目。

另外在前台左右角落位置摆放一棵大型植物如发财树、巴西木、滴水观叶、龙血树等，株高 160 ~ 180 cm，除了可以修饰前台角落位置的空旷外，还能使前台位置绿意葱葱，使来访的宾客进入办公室时感到生机。

2）员工办公区

员工办公区是一个公司里面人员最密集的区域，空气比较污浊，而且电脑较多，产生的辐射也比较大。可以考虑在办公区域的前后位置和走廊过道位置摆放大盆植物如绿萝、绿宝石、散尾葵等。

在员工办公桌面和办公屏风的上面摆放一小盆植物，让员工在工作的间隙有一种绿意盎然的感觉，提高工作效率。

前台

员工办公区绿植装饰

3）会议室

会议室的绿化摆放设计可以选择在会议室的四个角落位置摆放巴西木等大植物，株高 170 ~ 180 cm。在会议桌上，如果会议桌有花槽设计，可以根据花槽的深浅选择植株高度不同的植物，选取的原则是植物摆放进花槽后植物高出会议桌 10 ~ 20 cm 为宜。例如绿萝、白掌、粉掌、玛丽安黛粉叶之类的植物都可以选择，株高 30 ~ 60 cm。如果会议桌没有花槽设计，那么只需要根据会议桌的大小在会议桌上摆放数盆的小盆植物。

4）总经理办公室

总经理办公室作为组织最高领导人的办公室，摆放的植物要求自然较高档。

首先在总经理办公室的办公角落（通常选择在办公班台的后侧）摆放一棵直杆发财树，株高170 ~ 180 cm，会显得比较大气；然后在会客的沙发之间角落位置摆放一棵金钱树，株高100 ~ 110 cm，或者是在沙发间的茶几上摆放一棵红掌或粉掌类的时令开花植物，株高30 ~ 50 cm。

财务、行政办公室绿植装饰

会议室绿植装饰

二、商业购物空间绿植装饰

商业购物空间主要就是指人们日常购物活动的空间。随着公共空间中绿植景观所占的比重越来越大，商业购物空间也开始更加重视绿植景观的作用。在商业购物空间中配置绿植，不但美化了环境，而且也能营造商业空间宾至如归的热烈气氛。

商业购物空间内的绿植不仅能够有效改善空间环境，而且利用垂直绿化这种配置方式可以有效分隔商业购物空间，对区域进行分类。部分商场选择适宜的室内观赏植物来装饰空间中难以利用的死角。与此同时，还可以根据植物自身的高矮、大小来调整空间的比例感，从而提高商业购物空间的利用率。植物就像是纯天然的空气洁净器与噪声吸附剂，能够起到调节室内温度和净化环境的作用。处在这样生机勃勃、绿意盎然的环境中，人的心情也会随之变得舒畅。

1. 商业购物空间的特点

商业购物空间泛指为人们提供日常购物活动的各种空间和场所，往往集购物、休闲、娱乐为一体，整体上绿化摆放空间充足；光照条件一般，常年无阳光直射；白天温度通常在 25 ℃左右，夜晚温度会接近室外温度，但通常能保证植物生存的适宜温度；通风条件、空气质量一般，人流量较大，环境嘈杂。

2. 商业购物空间的绿植选择

1）商业购物空间的绿植选择

商业购物空间的绿植装饰设计是营造舒适安全、生态自然，兼具商业气氛的多功能环境的主要手段，是现代商业场所不可缺少的一部分。其中对购物者心理和行为影响较大的、需要重点装饰的场所有商场入口、卖场、橱窗、通道、柜台和楼梯口及休息场所等。

商场入口是吸引顾客、引导人群流向的重要场所，通常以各种植物装饰来强调入口的位置，要求醒目，以吸引顾客的视线。可以用几种色彩缤纷的盆栽花卉加以组合，置于大门口处；或用两株高大对称的植物陈设于大门两边。

商场入口内一般都设有门厅和中庭，通常陈设有园林小景，或水池、山石、植物组成水景，为顾客提供舒适宜人的环境和优质服务。

中庭应多采用一些高大的、名贵的植物，但在适当的地方可以放些小盆的植物或鲜花，要做到大小盆植物的合理搭配，但摆放的位置最好根据植物的习性摆放。比较适合摆放在商业购物空间的大型绿植盆景有散尾葵、国王椰子、鹅掌柴、富贵竹笼、南天竹等。

商场入口

商场入口

中庭

中庭水景

卖场是商业购物空间的主体空间，也是顾客活动的主要场所。对卖场采用植物装饰时，发挥绿植作用的同时，也能更加突显商品的品质。卖场的绿植装饰形式多种多样，没有太多限制，可放置在商品柜台上，可依墙角放置，也可在地面或墙角处摆放。绿植可选择盆栽、插花、盆景等，绿化组织形式可为单株、丛植、组合盆栽、花池、花坛等形式。

交通空间，包含水平交通空间和垂直交通空间两个部分，水平交通空间主要是指公共空间中的走道部分，而垂直交通空间则是指楼梯、电梯、自动扶梯等部分。在各交通要道等处均可布置绿色植物来提示顾客。

鹅掌柴

南天竹

沿扶梯布置的盆栽花卉以引导客流

交通空间绿植装饰，应注意不要将植物放在经常走动的地方，否则既影响人的行动，也不利于植物成长。植物要放置于通风、采光相对较好的位置，不仅有利于植物生长，同时也有利于更好地观赏红花绿叶。较耐阴的植物可以放在电梯口等角落位置，如棕竹、绿箩、鸭掌木、富贵竹笼、罗汉松、常春藤等。植物可以沿柱放置、靠墙放置或依特定背景放置，不仅可以引导顾客进入各交通线路，而且延续了室外的自然气息，使顾客进入室内后，依然能保持轻松的休闲购物心情。

卖场绿植装饰形式

干花植物装饰

水平交通空间

垂直交通空间

休息空间

休息空间

2）商业购物空间绿植装饰的注意事项

商业购物空间的主要用途是进行商业性的购物或买卖活动，其中公共空间的主要功能是休闲交往、购物活动，所以商业购物空间必须兼顾景观功能和生态功能。商业空间种类繁多，没有固定模式，在不影响商业活动的前提下，宽阔的树池也可设计成充当桌椅的花池，还可以穿插间种花灌木，这样可以有效地节约空间。

若是想在室内商业购物空间中营造出庭院植物景观，就要把绿植放在主体地位，注重做好绿植的造型颜色的配置以此来吸引顾客。要善于利用花台、花池与景观小品和休闲设施搭配，形成多元化的绿植景观空间。

当商业购物空间很有限时，就要利用庭院空间尺度小、多元化的景观优势，在有限的空间内创造别具一格的绿植景观，创造出生态美观，兼具休闲观赏的绿植景观空间。

3. 商业购物空间的绿植配置方法

商业购物空间的绿植配置方法主要有：地栽式、容器式。

1）地栽式

地栽式的配置方法用通俗易懂一点的说法来解释的话就是，直接把绿植种在地上，不依靠花盆等器皿放置，这样做的目的是模仿自然原生态的感觉。

2）容器式

容器式的配置方法，顾名思义，就是需要用到容器。绿植是依靠容器种植的，不直接接触地面。种植容器有移动式和固定式两大类，主要包括种植坛、种植桶、盆栽和插花等形式。容器式绿植配置的优点在于，投入小成本低，经济节约，设计形式多样，大部分的商业购物空间都采用的是这种种植形式。

这两种绿植配置的方法，各有利弊，地栽式绿化占地面积大，耗费成本高；容器式绿化因为需要借助于容器，所以需考虑种植器皿的元素。我们在选择商业购物空间绿植搭配的时候，就要考虑实际情况来选择适合的绿植配置方案。

容器式

绿植景观

三、酒店餐饮空间绿植装饰

近年来，越来越多的酒店餐饮空间开始注重酒店的绿化以及植物的配置，良好的酒店餐饮空间绿植配置能够让人感受到绿意盎然、生机勃勃的氛围，从而增加客流量。选择酒店餐饮空间室内观赏植物的布置是很有讲究的，需要根据实际酒店餐饮空间情况而定。可作为室内观赏绿植的品种实在太多，大小、姿态、颜色也各有不同，但总体上来说，返朴归真，让顾客能感受到大自然，心情愉悦，同时摆放周期长，易于管理、易于成活的绿植品种肯定会更受欢迎。

1. 酒店餐饮空间的类型

现阶段的酒店餐饮空间，为了满足不同人群的需求，从它们的性质上可以分成六类：

1）商务型

商务型酒店餐饮空间主要以接待从事商务活动的客人为主，是为商务活动服务的。这种类型的酒店餐饮空间会对餐厅包厢有比较高的要求，一般会有宴请宾客的活动，所以普遍设置有宴会厅，规模比较大。绿植配置的话多选用高档和看起来有气势的景观植物。

2）度假型

度假型酒店餐饮空间最大的特点就是接待度假的游客，一般修建在海边和度假胜地的可能性比较大。它的经营对季节的要求很高，有淡季和旺季的差别。因为属于度假时居住的空间，所以酒店内的娱乐设施会相对比较齐全。装饰风格也会根据当地的风土人情来进行调整，比较有地方特色。绿植配置的话也会比较偏向当地特有的景观植物。

3）长住型

长住型酒店餐饮空间主要是一个接待长期驻扎居住型客人的酒店类型。一般是套房模式居多，客人多为家庭集体居住型。那么这类型的酒店餐饮空间的设计风格多偏向温暖舒适型，让客人感觉到家的温馨。规模会尽量走小而精致的路线，太大太空旷的空间会让人感觉冰冷。绿植配置的话多选用家中常见的景观植物即可。

4）会议型

会议型酒店餐饮空间主要是接待会议旅客为主，除食宿娱乐外还为会议代表提供接送站、会议资料打印、录像摄像、旅游等服务。会议型酒店餐饮空间的特征，主要是以大型宴会厅、多功能厅为主要餐饮空间架构，规模大而华丽。绿植配置多选择大气的大型植物。

5）经济型连锁酒店

经济型连锁酒店多为短期旅游或出差的客人准备，特点是物美价廉，服务方便快捷。总体节奏较快，实现住宿者和商家互利。通常此类酒店餐饮空间规模都比较小，也没有过多的功能分区。绿植配置也比较单一，多选用常见植物。

长住型

6）主题型酒店餐饮空间

主题型酒店餐饮空间一般都是在某一特定主题的酒店里设置，来住宿的客人多是为了体验特定主题和文化氛围。酒店规模可大可小，没有限制。绿植配置一般都会根据酒店主题来定制，以体现点题性。

2. 酒店餐饮空间的组成

一个完整的酒店餐饮空间，应该包括以下配置：入口、大堂、中庭、休息厅、接待厅、餐厅、娱乐室、会议室等。

1）入口空间

入口空间作为酒店餐饮空间的开端，完成了由外部环境到酒店内部空间的过渡。它所营造出的空间

酒店入口空间

餐厅入口空间

环境将对客人产生重要的影响，客人会根据第一印象对酒店空间有一个初步认知。

2）大堂空间

大堂空间是酒店餐饮空间的核心部分，它不但要满足普通城市酒店所提供的登记、服务、交通组织、休息等候等基本功能，还要成为空间视觉景观轴线上的重要节点，成为室内空间与外部环境相联系的媒介。

甜品店入口空间

大堂空间

3）中庭空间

中庭空间也是酒店餐饮空间的重要组成部分，是客人经常活动的区域。客人会在这里观景、休息、交往，在这里甚至可以举行大型舞会和派对。

4）餐饮空间

餐饮空间，也已不再是单纯吃饭的空间，如今它已成为人际交往、感情交流、商务洽谈、亲朋和家庭团聚等活动的场所。因此，在这里，人们不但要求有美味佳肴的物质享受，而且更强调要有符合时代要求的精神享受。

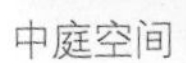

中庭空间

餐饮空间

5）娱乐空间

娱乐空间是豪华型酒店必备的标配之一。面对如今快节奏的生活，拥有一个娱乐空间也能够让客人们在匆忙的旅游出差之余，享受片刻快乐愉悦的时光。

6）会议空间

商务会议空间是商务酒店不可缺少的一部分，当代各种国际、国内会议增加，接待会议代表住宿已成为酒店的大比重收入来源之一。现代酒店纷纷在公共部分设会议室，以承接一定规模的会议及各种文化娱乐活动，从而适应现代酒店多元化的发展需求。

3. 酒店餐饮空间绿植配置的作用

1）具有美化环境的作用

绿植对酒店餐饮空间的作用首先就是美化环境，一个舒适的酒店餐饮空间是绝对少不了绿植景观的衬托的。它的具体美化作用可以从下面几个方面来谈。

（1）质感与肌理的对比：我们都知道，植物的肌理效果也是有粗糙和细致之分的。不同的肌理体现着不一样的风格，植物自身茎叶的质感与肌理总是显得生动活泼。植物作为环境构成要素的补充，它的材质丰富而富于变化，无疑能对建筑环境的塑造与美化予以改善和提高。

（2）动态与静态的对比：植物看似是静止不动的，其实在我们没有注意的角落，它也在演变着更迭，从种子发芽，到硕果累累，再到落叶归根，无时无刻不在彰显动静结合之美。在这动态与静态的对比中，酒店餐饮空间的层次变得更加丰富，而且充满了无限的生机。

（3）色彩的对比：植物的色彩五彩斑斓，虽然叶子多为绿色，但也绿得不尽相同，何况还有五光十色的花卉，交相辉映，给原本沉闷的木质、石质家具带来了清新的格调，不仅可以改变原本单调的色彩，还可以使其他色调更加丰富，更加调和，给酒店餐饮空间增添了活泼的情趣。

（4）体量与形态的对比：植物形态各异，打破了原本建筑物单调的几何造型，酒店餐饮空间形态瞬间变得多样化起来。花草树木的“柔”与现代简洁造型、轮廓线条分明的“硬”形成了鲜明的对比，增强了空间景观的表现力。

色彩的对比

体量与形态的对比

2）具有组织空间的作用

绿化作为空间的构成物，要占据一定的空间，它所占空间面积的大小、排列与布局的方式等都能够起到组织空间、强化空间的作用。绿化、小品对空间的组织主要表现在分隔空间、联系空间、柔化空间等方面。

（1）分隔空间：酒店餐饮空间因为功能分区的不同，需要划分很多不同的区域。而除了使用墙壁这种全包围式的分隔方式外，还可以使用绿植景观来进行半包围式的分隔，例如，可以利用盆花、花池、花带、绿罩、绿帘、绿墙来进行分隔。它的优势就在于，它在分隔空间的同时，又能使这些被限定与分隔的空间不失其整体空间的开敞性和完整性。

（2）联系空间：当我们被绿植包围的时候，总会产生出我们身处大自然的错觉。将植物和小品引进室内，使室内的内部空间和外部空间有了相同的元素，从而有了过渡和衔接，这样利用绿植配置的处理手法，能够很好地把室内外景观衔接起来，可以扩大室内的空间感和增加空间层次的丰富多样性，使室内有限的空间得以延伸和扩大。

（3）指示空间：在现代酒店中，绿植景观的配置显得很重要，它让冰冷的建筑物显得活泼和温暖起来，还达到了充当室内指示标的作用。在人流较为密集的情况下，特别是酒店入口处，可以通过设置引导型绿植的方式来引导人群走向正确的道路。除了酒店的入口，交通中心或转折处、楼梯进出口处、走道尽端、台阶城道的起止点等处，都可以设置花池、盆栽等作为提示，这样既突出了重点又起到了醒目的标志作用。

（4）调整空间：当酒店公共空间里出现大面积空旷区域时，就可以运用绿植调整空间的能力来对空间加以控制和调节。比如利用盆栽植物组成片林、花堆的这种手法，就既含蓄又有效地起到了改变原有空间空旷感的作用，增添了空间的层次感。

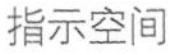

指示空间

（5）柔化空间：酒店餐饮空间环境中，因大多由人工因素所限定，多是由直线形构件形成的几何体组成，使人感到生硬和冰冷，而绿植有着五彩斑斓的颜色和形态各异的造型，合理地运用绿植配置，就能够有效地改变人们对原有空间的印象并产生柔化空间的效果。

（6）填充空间：在公共空间里，总有一些死角难以利用，却又弃之可惜，酒店餐饮空间里也不例外。

对于这样的剩余空间，如果环境条件允许的话，可以选择一些适合的植物、小品加以绿化和布置，增加俏皮感。让这些难以处理和利用的空间焕然一新，把不利因素变成有利因素，使这些空间成为环境中不可或缺的亮点。

3）具有调节氛围的作用

利用植物自身的生态特点，通过绿化可以起到改善室内外环境条件、净化环境的作用。不但可以调节温湿度，减少噪声，还能净化空气，更能够陶冶人们的性情，创造宁静悠远的氛围。绿化、小品不仅具有美化环境的作用，同时它还能对人的精神和心理起到良好的调节作用。

调节氛围的作用

4. 酒店餐饮空间绿植选择

在一些高档酒店中，为了使客人感受到如归家一般的温馨之感，酒店常用绿色植物进行气氛的营造。除了在酒店中摆放一些常见的盆栽类或插花类植物外，酒店还将室外园林的设计手法引入室内，利用大堂的一部分空间进行植物的栽种，形成一处小型的园林景观，给人带来一股源自大自然的清新之风。

1）中式餐厅的植物选择

中式餐厅的植物应选择能够有利于营造出具有美好意境的餐厅环境的植物，此外，对于不同朝向的餐饮空间则需要具体对待，同时还需要避免有害植物种类的引入，如玉兰、夜来香、郁金香、含羞草、松柏等，一些容易产生花粉等易散发漂浮物质的植物不宜配置。

2）西式餐厅的植物选择

应该是色彩淡雅的，还需要考虑西餐厅中饮食环境安全性的考虑，因此，需要避免有害植物种类以及一些容易引起人们过敏的植物种类的引入。

5. 酒店餐饮空间绿植装饰的注意事项

酒店餐饮空间的环境气氛主要是通过调节色彩和光环境等来实现的，这些要素的人工控制，使得餐饮空间的生态条件不稳定。比如，为了营造一种浪漫的就餐氛围，在较小的室内空间中陈设蜡烛灯，这些容易增加室内有害气体，造成光照条件不稳定。

鹤望兰

散尾葵

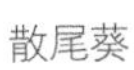

夏威夷椰子

橡皮树

鹅掌柴

虎尾兰

由于酒店餐厅特殊的光照、温湿度、通风条件等，植物被引进来的前提条件是适宜的生存条件。而事实证明耐阴性强的绿植更适合配置在酒店餐饮空间中，其生命力较强，成活率较高，同时价格适中，易好养护等条件。

酒店餐饮空间的绿植摆放还应注意：

（1）花卉摆放首先考虑环境整体形象，摆放要气派典雅。

（2）室内和室外绿化兼顾，注重整体环境协调。

（3）花卉摆放要考虑能净化空气，吸收有害气体，创造爽心悦目的绿色环境。

6. 酒店餐饮空间绿植装饰的配置位置和方法

1）配置位置

（1）视觉中心布置：因此可以在酒店餐饮空间的中心位置放置吸睛的各色植物，用植物的魅力来吸引客人，还可以在室内空间的主立面前、走道的尽端、会场主席台的前后以及圆桌会议的中心等处，配置绿植进行点缀，使之成为人们视觉的焦点。

（2）边角点缀布置：在一些室内空间的死角，因空间太小不适合放置大物件，这时我们把空间利用起来放置绿植也是很不错的选择。可以起到很好的空间点缀作用。

（3）沿通道、过厅边布置：通道、过厅是人们在酒店餐饮空间或者是其他公共空间都必经的区域，在这些空间的一侧或两侧有规律地布置盆栽植物或花池，可使客人减少疲劳感，还能让经过的人停顿稍作休憩。

（4）结合家具、陈设布置：酒店餐饮空间的绿植在配置之初要考虑到结合酒店设计风格和室内家具陈设而定，使它们在空间中相得益彰，组成有机的整体。比如说，可以在窗台和床头柜上摆放小型盆栽，在吊柜、壁柜、博古架上布置垂吊式的藤蔓植物，在各种花瓶或陈设物中插置花草等。这种搭配手法，既不占用地面空间，又能使室内增添艺术气氛。

（5）垂直绿化：垂直绿化是竖向绿化当中的常用手法，它主要是靠在室内有高差的部位悬吊绿植来完成，像是在天棚上、墙面突出的支架或花台、吊柜或隔板、回廊的栏板、楼梯两侧的外部等处，都可以利用植物进行绿化布置。这种布置方法可以充分地利用空间，并可以形成绿色的立体环境，增加绿化的体量和氛围。

2）配置方法

酒店餐饮空间绿植装饰的配置方法一般分为四种：

（1）垂挂式：垂挂式就是使用一些可以攀援缠绕的植物悬挂起来的方式，或是运用一些精致的器皿来栽种些吊兰、蟹爪莲一类的植物悬挂起来，可以有效节省地面空间，增添活泼的氛围。

（2）阶梯式：自建阶梯，在阶梯上安置绿植，使绿植景观产生错落有致的美感。

（3）自然式：自然式主要是指吊兰一类会产生自然垂坠的植物，利用其形成一种自然景观。

（4）镶嵌式：镶嵌式主要就是在墙壁或是立柱上，镶嵌特制的半边花瓶式花盆，然后用其栽植观叶植物。

除以上四点以外，在进行酒店餐饮空间绿植配置的选择时，我们可以考虑运用一些有特殊含义或是美好寓意的绿植。发财树，寓意酒店将会财源不断，适合安放在酒店入口处。白鹤芋，洁白无瑕、清新幽雅，可以安放在客人休息区和房间走廊附近。鹤望兰，清新高雅，也适合安排在休息区域，提升酒店整体形象。

四、绿植租摆

绿植租摆，又称为植物租赁、花卉租摆，它区别于传统的花卉销售，主要重在后期的养护服务，主要经营地区域为一类城市且经济较发达的地区；是一项为公司、企事业单位、学校、宾馆酒店等场所提供植物花卉租赁的服务。

人们对工作生活环境、空气质量的要求越来越高，但大多数工作人员平常都忙于工作，无暇去布置养护植物，又缺乏养护技术，租赁成了理想的选择。提供植物租赁的公司负责摆放方案的设计，植物的配置、运输并摆放到预定位置，负责植物的日常护理，会及时更换死亡及有问题的植物花卉。目前，市场上提供该项服务的园艺公司参差不齐，选择一家好的租赁公司也就成了重要的环节。随着网络的迅速发展，园艺公司都开始通过网络开展业务，也出现了绿植租赁平台，提供快速、方便、标准的服务。

植物租摆可分为长期租摆和短期租摆，一般的单位使用租摆都是长期租摆；短期租摆适合一些特殊的需要，比如展会、庆典、迎接贵宾等场合，时间一般一天或几天时间，等活动结束就由园艺公司把植物搬走。短期租摆方式灵活，但一般价格较长期租摆要高出很多。

1. 绿植租摆和绿植购买的比较

在单位准备进行绿植装饰的过程中，是选择绿植租摆还是购买，是要根据单位自身的不同情况来决定的。

（1）从首次支出来比较：购买需要一次性支付全部的货款和运输费用，租摆只需要先行支付一季度或半年的租摆费用，所以购买的首次支出要远大于租摆的支出。

（2）从长期的支出来比较：如果购买的绿植全部存活并保持观赏价值，则不需要后续付款，而租摆则需要持续的支出，所以租摆的支出要大于购买的支出。如果植物成活率低，需要经常补充和更换，购买的费用就会超出租摆的费用。

（3）从养护的角度来比较：绿植养护是专业性很强的工作。由于北方的绿植产品基本来自南方的苗圃，长途运输后到达北方，在基地经过一段时间适应性养护后才提供给消费者，所以不同的绿植品种，甚至不同批次的绿植，对养护的要求都是不同的。如果是一般企事业单位，也不可能专门雇用技术人员进行这项工作，所以绿植租摆是必要的。如果只是少量的配置或家庭绿化，可以选择养护比较简单的品种。

（4）从保持长期的观赏性来比较：在工作场所配置绿植，不是植株成活就可以达到要求的。为了保持观赏性，需要对植物进行长期有效的管理，包括水、肥、温、除虫、除病等。只有做好这些工作，植物才能健康茁壮，赏心悦目。

提供租摆服务的绿植空间公司一般都会提供品种更换的服务，可以在不增加支出的情况下，欣赏到不同品种，这是购买所不能比的。

2. 绿植租摆的优势

（1）节省投资：绿植公司承担植物出租后期非人为原因造成的植物损坏，提供免费更换服务，保证绿色植物活力长效持久，大大减少企事业单位在购买装饰植物上的花费。

（2）省心省事：企业不需要再请专门的人员进行植物养护，只要把理想中的植物租回来后，绿植公司为出租的植物提供全程的后期养护，根据植物的性质和数量，定期派专人上门对植物进行养护，从而减轻企事业单位在养护方面人力和财力的投入。

例如购买一棵巴西木花费 200 元，如果由非专业人士进行养护，两个月内死亡的可能性极大，为保证持续的绿化效果，一年需采购 6 次，总共花费 1 200 元，这些还不包括采购运输费和养护成本；而租一棵巴西木，约 50 元 / 月，一年总共花费 600 元，平时由园艺租摆公司派专人负责养护，如果植物长势不佳或死亡，由绿植公司负责更换。所以，租摆比一次性购买花钱少，省时省力，效果好。

3. 绿植租摆服务流程

（1）确定好上门拜访的时间。

（2）按约定时间上门拜访，实地勘查，跟客户沟通，了解客户的要求。

（3）做一份详细的绿化方案（方案包含植物名称、植物图片、摆放区域、规格、数量、单价、总价等，有时候会在同一区域推荐好几种植物供客户选择）。

（4）通过电子邮件的方式将绿化方案及合同模板一并发给客户。

（5）客户如果对方案有不同的想法，就方案跟客户再沟通，再调整，直到客户满意为止。

（6）待客户确认方案后，与其沟通、确认植物进场的时间。

（7）植物进场的时候，一并带上公司已盖章的合同（附带植物明细）和发票。

（8）待植物摆放到位，浇水等养护工作完毕之后，请客户检查。

（9）客户检查无误，将合同的其中一份签字并盖章后交给租凭工作人员带走。

（10）按合同规定的付款时间付款。

（11）按合同约定对植物进行养护。

（12）植物生长状态不佳或者死亡，会加强养护或者直接将植物更换掉，更换植物的时间最快为隔天，最晚不超过 4 个工作日。

提高工作效率

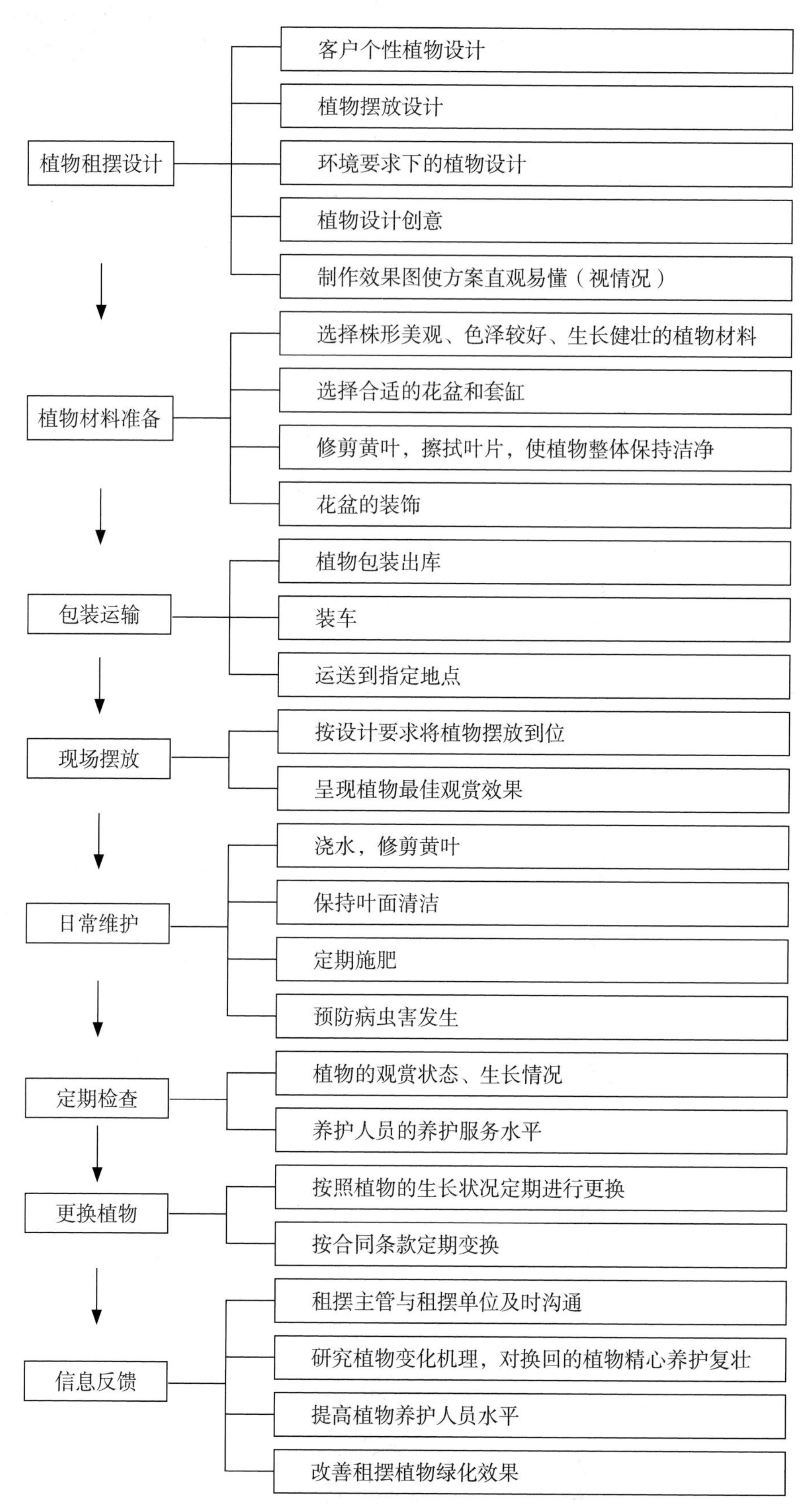
植物租摆设计
客户个性植物设计
植物摆放设计
环境要求下的植物设计
植物设计创意
制作效果图使方案直观易懂（视情况）
植物材料准备
选择株形美观、色泽较好、生长健壮的植物材料
选择合适的花盆和套缸
修剪黄叶，擦拭叶片，使植物整体保持洁净
花盆的装饰
包装运输
植物包装出库
装车
运送到指定地点
现场摆放
按设计要求将植物摆放到位
呈现植物最佳观赏效果
日常维护
浇水，修剪黄叶
保持叶面清洁
定期施肥
预防病虫害发生
定期检查
植物的观赏状态、生长情况
养护人员的养护服务水平
更换植物
按照植物的生长状况定期进行更换
按合同条款定期变换
信息反馈
租摆主管与租摆单位及时沟通
研究植物变化机理，对换回的植物精心养护复壮
提高植物养护人员水平
改善租摆植物绿化效果

绿植租摆服务流程图

五、实训指导书

1. 绿植租摆方案及报价表

植物租摆一般是按照每盆植物一月的租金来报价，影响价格的因素有：植物的品种、规格大小、租摆场合养护花木的难易程度，租期长短、租摆的数量以及租摆单位对花木品相要求是否严格等因素。

绿植租摆方案及报价表

序号	摆放位置	植物名称	规格／米	数量／盆	植物单价／（元／月／盆）	盆器装饰（材质）	盆器单价／（元／月／个）	小计／（元·月$^{-1}$）	植物图片
每月租金合计				________元					
全年应付款合计				______元 ×12个月 =______元					
本清单从____年__月__日到____年__月__日止。时间一年									
合计大写人民币									
甲方（章）						乙方（章）			
甲方负责人						乙方委托人			
甲方委托人						乙方负责人			
日期						日期			

2. 植物租摆价目表

一般情况下，每周定期上门养护 1 ~ 2 次，并对凋零植物免费及时更换；报价合同需一年以上，单价按月计算；300 元起租，低于 300 元建议购买，提供免费养护指导。以下价格仅作为实训时的参考，各绿植租摆公司视植物的特性、客户所处地理位置及室内的光线通风情况价格浮动。

植物租摆价目表

单位：元

序号	植物名称	植物单价	盆器单价	序号	植物名称	植物单价	盆器单价
1	蝴蝶兰（三支装）	50	9	18	万年青	15	1
2	碧玉	5	1	19	特大袖珍椰子	20	2
3	鸿运当头（0.4 ~ 0.5 m）	30	3	20	夏威夷椰子	45	9
4	鸿运当头组合	90	9	21	水养吊兰	4	1
5	鸟巢蕨（小）	5	1	22	吊兰	9	0
6	小单杆发财树（1.6 m）	40	6	23	橡皮树	15	1
7	电脑宝贝	5	1	24	水养小粉掌	18	1
8	小红掌	20	2	25	特大吊兰	30	3（带花架）
9	小粉掌	20	2	26	步步高发财树	55	9
10	小绿萝	9	0	27	兰花	30	3
11	大绿萝	30	0	28	散尾葵	60	9
12	柱子绿萝	45	5	29	巴西美人	12	0
13	水养竹子	3	1	30	螺纹铁	15	0
14	大幸福树（1.8 m）	50	9	31	也门铁	15	0
15	富贵竹笼	45	3	32	金钱橘盆景	—	—
16	多头也门铁	25	3	33	金钱树	30	3
17	三杆发财树	50	9	34	龙须兰	15	0

具体价格可参考市场价格或以下植物租摆价目表。

3. 设计制图

视客户需求，根据设计方案准备采购的植物，使用办公或绘图软件绘制绿植摆放示意图。

视客户需求，根据设计方案准备采购的植物，使用 Photoshop 等绘图软件合成绿植装饰效果图。

❶ 沙发会客室：
主桌一个盆景组合，
两边一个大型花器 + 夏威夷椰子

❷ 前台：
3 个大型花器的景观组合，
花器简约，高低错落，灰色最佳

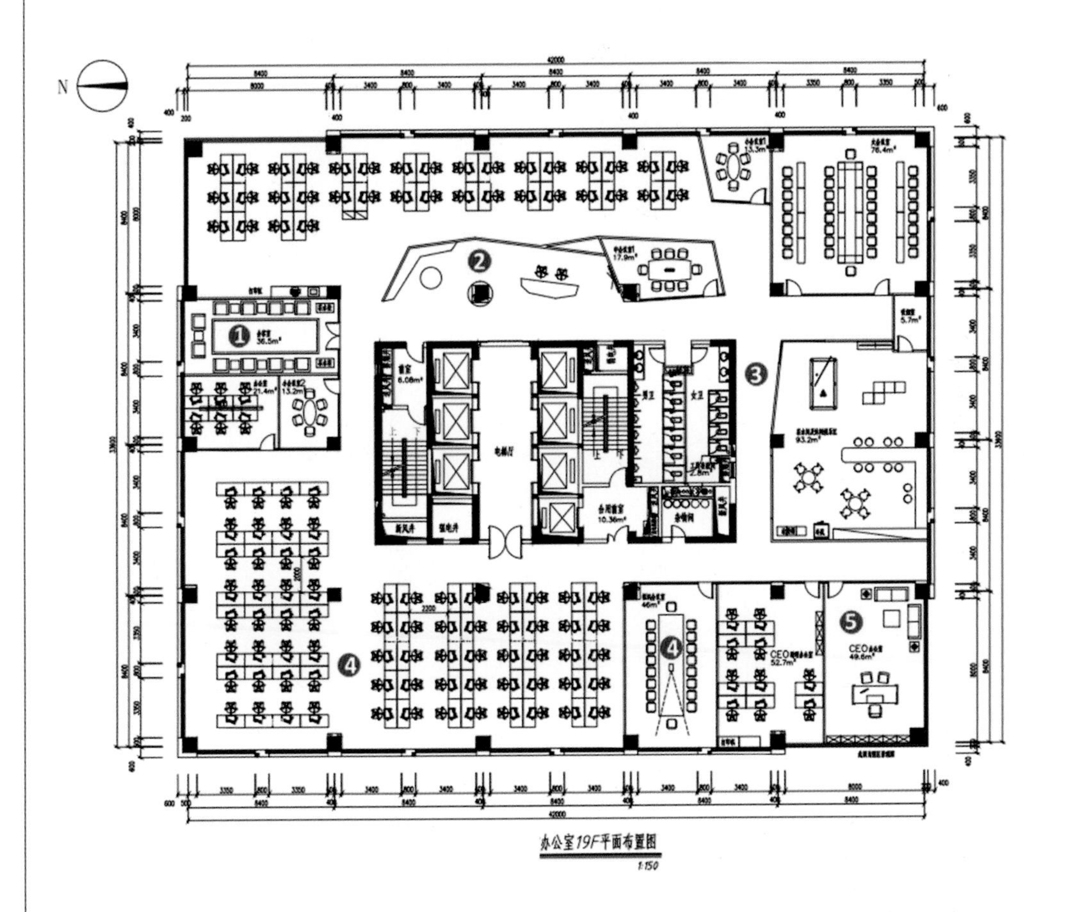

❸ 走道、中小会议室：
钢架吊兰 14 个

❹ 大会议室、办公区：
夏威夷椰子 12 个

❺ CEO 办公室：
木质花架 + 兰花、
桌面盆景组合、
2 个大型花器的景观组合，金色最佳

绿植摆放示意图

4. 备货采购

一般大型的绿植租摆公司都有苗木基地，实训时也可前往各大花木批发市场进行模拟备货采购，各小组根据现场或图纸，填写绿植租摆设计方案和报价表，完成植物模拟采购。

武昌铁机花卉批发市场

参考文献

[1] 庄夏珍.室内植物装饰设计[M].重庆：重庆大学出版社，2019.
[2] 林惠兰.种子盆栽[M].武汉：湖北科技出版社，2010.
[3] 张慕晴.绿荫满屋：创意水培生活[M].南京：江苏科学技术出版社，2014.
[4] 王胜弘.室内盆栽绿植设计300[M].福州：福建科学技术出版社，2014.
[5] 屿路.苔藓微景观[M].长春：吉林科学技术出版社，2015.
[6] 侯宁.室内绿化与内庭设计[M].北京：中国电力出版社，2008.
[7] 屠兰芬.室内绿化与内庭[M].北京：中国建筑工业出版社，2004.
[8] 张淑梅.室内植物装饰[M].北京：化学工业出版社，2012.
[9] 李成贤，金素姬.打造别样的室内花园[M]. 武汉：湖北科学技术出版社，2010.
[10] 绿活志编辑部.5盆20元打造居家小花园[M].郑州：河南科学技术出版社，2012.